APPLIED ELECTROCHEMISTRY

应用电化学

肖友军　李立清　等编著

U0243976

化学工业出版社
·北京·

图书在版编目（CIP）数据

应用电化学/肖友军，李立清等编著. —北京：
化学工业出版社，2013.1（2021.1 重印）

ISBN 978-7-122-15999-1

Ⅰ.①应⋯　Ⅱ.①肖⋯②李⋯　Ⅲ.①电化学-教
材　Ⅳ.①O646

中国版本图书馆 CIP 数据核字（2012）第 294983 号

责任编辑：刘丽宏
责任校对：宋　玮　　　　　　　　　装帧设计：刘丽华

出版发行：化学工业出版社（北京市东城区青年湖南街 13 号　邮政编码 100011）
印　　装：北京虎彩文化传播有限公司
710mm×1000mm　1/16　印张 11½　字数 229 千字　　2021 年 1 月北京第 1 版第 6 次印刷

购书咨询：010-64518888　　　　　　　售后服务：010-64518899
网　　址：http://www.cip.com.cn
凡购买本书，如有缺损质量问题，本社销售中心负责调换。

定　　价：39.00 元

前　言

　　电化学主要是研究电能和化学能之间相互转化及转化过程中有关规律的科学。电化学是物理化学的一个重要组成部分，电化学不仅与无机化学、有机化学、分析化学、化学工程等相关学科相关，还渗透到环境科学、能源科学、生命科学、材料科学和金属科学等领域。这就要求我们掌握电化学理论和方法并应用于实际中，为电化学基础学科和应用技术的发展做出进一步的贡献。

　　应用电化学的主要任务是多方面的，其中重要的有：电化学新能源体系的开发和利用，金属表面的精饰，电化学腐蚀与防护，电冶金，电化学传感器的开发，有机物和无机物的电解合成，电化学控制和分析方法等。

　　电化学研究涉及的电解质溶液理论、电化学热力学、电化学动力学的有关知识已在物理化学教材中作了介绍，本书在阐明电化学体系和电极过程动力学理论、电化学工程基础上，系统地讨论了电化学原理在各相关领域的应用。

　　本书在编写组成员多年来为本科生各自开设的与电化学应用相关课程讲稿的基础上，经过整合、修正、完善而成；编写时既考虑到应用电化学学科自身的特点，又考虑到其在相关领域的应用，并适当介绍了目前的现状和今后的发展方向，全书共分为九章：电化学理论基础，电化学工程基础，化学电源，金属的表面精饰，无机物电解制备，有机电合成，电化学腐蚀与防腐，环境保护电化学，电化学传感器。

　　本书第 1 章由李金辉编写，第 2、9 章由李立清编写，第 6、8 章由张彩霞编写，肖友军编写了其他章节并负责全书统稿。江西理工大学化学化工教研室全体老师与研究生为本书的校稿和绘图付出了辛勤的劳动，在此一并感谢。

　　由于编者水平有限，书中疏漏在所难免，恳请有关专家和广大读者批评指正。

编著者

目 录

第**1**章 电化学理论基础

1.1 电化学体系的基本单元

电化学体系至少由电解质溶液和浸没在电解质溶液中或紧密附于电解质上的电极组成,电极可以是两电极体系(阳极和阴极),也可以是三电极体系(阳极、阴极和参比电极)。有时,电极之间还可以采用隔膜将其分隔开来。

1.1.1 电极

电极(electrode)是与电解质溶液或电解质接触的电子导体或半导体,为多相体系。电化学体系借助于电极实现电能的输入或输出,电极是实施电极反应的场所。一般电化学体系为三电极体系,相应的三个电极为工作电极、参比电极和辅助电极。化学电源一般分为正、负极;而对于电解池,电极则分为阴、阳极。现介绍如下。

(1) 工作电极(working electrode,简称 WE):又称研究电极,是指所研究的反应在该电极上发生。一般来讲,对于工作电极的基础要求是:所研究的电化学反应不会因电极自身所发生的反应而受到影响,并且能够在较大的电势区域中进行测试;电极必须不与溶剂或电解液组分发生反应;电极面积不宜太大,电极表面最好应均一、平滑的,且能够通过简单的方法进行表面净化等。工作电极可以是固体,也可以是液体,各式各样的能导电的固体材料均能作电极。通常根据研究的性质来预先确定电极材料,但最普通的"惰性"固体电极材料是玻璃、铂、金、银、铅和导电玻璃等。采用固体电极时,为了保证实验的重现性,必须注意建立合适的电极预处理步骤,以保证氧化还原、表面形貌和不存在吸附杂质的可重现状态。在液体电极中,汞和汞齐是最常用的工作电极,它们都是液体,都有可重现的均相表面,制备和保持清洁都较容易,同时电极上高的氢析出超电势提高了在负电势下的工作窗口,已被广泛用于电化学分析中。

(2) 辅助电极(counter electrode,简称 CE):又称对电极,该电极和工作电极组成回路，使工作电极上电流畅通，以保证所研究的反应在工作电极上发生，但必须无任何方式限制电池观测的响应。由于工作电极发生氧化或还原反应时，辅助电极上可以安排为气体的析出反应或工作电极反应的逆反应，以使电解液组分不变，即辅助电极的性能一般不显著影响研究电极上的反应。但减少辅助电极上的反应对工作电极干扰的最好办法可能是用烧结玻璃、多孔陶瓷或离子交换膜等来隔离两电极区的溶液，为了避免辅助电极对测量到的数据产生任何特征性影响，对辅助电极的结构还是有一定的要求。如与工作电极相比，辅助电极应具有大的表面积使得外部所加的极化主要作用于电极上，辅助电极本身电阻要小，并且不容易极化，同时对其形状和位置也有要求。

(3) 参比电极（reference electrode，简称 RE）：是指一个已知电势的接近于理想不极化的电极，参比电极上基本没有电流通过，用于测定研究电极（相对于参比电极）的电极电势。在控制电势实验中，因为参比半电池保持固定的电势，因而加到电化学池上的电势的任何变化值直接表现在工作电极/电解质溶液的界面上。实际上参比电极起着提供热力学参比，又将工作电极作为研究体系隔离的双重作用。既然参比电极是理想不极化电极，它应具备下列性能：

① 应是可逆电极，其电极电势符合 Nernst 方程；

② 参比电极反应应有较大的交换电流密度，流过微小的电流时电极电势能迅速恢复原状；

③ 应具有良好的电势稳定性和重现性等；

④ 不同研究体系可以选择不同的参比电极，水溶液体系中常见的参比电极有：饱和甘汞电极（SCE）、Ag/AgCl 电极、标准氢电极（SHE 或 NHE）等。许多有机电化学测量是在非水溶剂中进行的，尽管水溶液参比电极也可以使用，但不可以避免地会给体系带入水分，影响研究效果，因此，建议最好使用非水参比体系。常用的非水参比体系为 Ag/Ag$^+$（乙氰）。工业上常应用简易参比电极，或用辅助电极兼做参比电极。在测量工作电极的电势时，参比电极内的溶液和被研究体系的溶液组成往往不一样，为降低或消除液接电势，常选用盐桥；为减小未补偿的溶液电阻，常使用鲁金毛细管。图 1-1 为一般电化学研究中所用的两电极体系和三电极体系的示意图。

对于化学电源和电解装置，辅助电极和参比电极通常合二为一。化学电源中电极材料可以参加成流反应，本身可以溶解或化学组成发生改变。而对于电解过

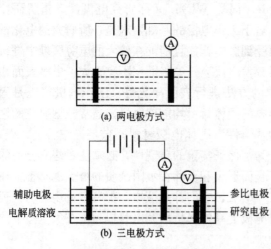

(a) 两电极方式

辅助电极
电解质溶液

参比电极
研究电极

(b) 三电极方式

图 1-1 两电极体系和三电极体系的示意图

程，电极一般不参加化学的或电化学的反应，仅是将电能传递至发生电化学反应的电极/溶液界面。制备在电解过程中能长时间保持本身性能的不溶性电极一直是电化学工业中最复杂也是最困难的问题之一。不溶性电极除应具有高的化学稳定性外，对催化性能、机械强度等亦有要求。有关不溶性电极将在电化学应用部分加以介绍。

1.1.2　隔膜

隔膜（diaphragm）在电化学研究的大部分场合是电解槽必要的结构单元，隔膜将电解槽分隔为阳极区和阴极区，以保证阴极、阳极上发生氧化-还原反应的反应物和产物不互相接触和干扰。特别是化学电源的研究中，隔膜常常是影响电池性能的重要因素。隔膜可以采用玻璃滤板隔膜、盐桥和离子交换膜等，起传导电流作用的离子可以透过隔膜。电化学工业上使用的隔膜一般可分为多孔膜和离子交换膜两种。而离子交换膜又分为阳离子交换膜和阴离子交换膜两种。

1.1.3　电解质溶液

电化学池中电解质溶液是电极间电子传递的媒介，它是由溶剂和高浓度的电解质盐（作为支持电解质）以及电活性物种等组成，也可能含有其他物种（如络合剂、缓冲剂）。电解质溶液大致可以分成三类，即水溶液体系，有机溶剂体系和熔融盐体系。

电解质（electrolyte）是使溶液具有导电能力的物质，它可以是固体、液体、偶尔也用气体，一般分为四种：

(1) 电解质作为电极反应的起始物质，与溶剂相比，其离子能优先参加电化学氧化-还原反应，在电化学体系中起导电和反应物双重作用。

(2) 电解质只起导电作用，在所研究的电势范围内不参与电化学氧化-还原反应，这类电解质称为支持电解质（supporting electrolyte）。

(3) 固体电解质为具有离子导电性的晶态或非晶态物质，如聚环氧乙烷和全氟磺酸膜 Nafion 膜及 β-铝氧化土（$Na_2O \cdot \beta\text{-}Al_2O_3$）等。

(4) 熔盐电解质兼顾(1)、(2)的性质，多用于电化学方法制备碱金属和碱土金属及其合金体系中。

需要指出的是，除熔盐电解质外，一般电解质只有溶解在一定溶剂中才具有导电能力，因此溶剂的选择也是十分重要，介电常数很低的溶剂就不太适合作为电化学体系的介质。

由于电极反应可能对溶液中存在的杂质非常敏感，如即使在 10^{-4} mol·L^{-1} 浓度下，有机物种也常常能被从水溶液中强烈地吸附到电极表面，因此溶剂必须高度纯化。如果以水作为溶剂，在电化学实验前通常要将离子交换水进行二次或三次蒸馏后使用。蒸馏最好采用石英容器，第一次蒸馏时通过 $KMnO_4$ 溶液以除去可能存在的有机杂质。尽管在绝大部分的电化学研究中都使用水作为溶剂，但进行水溶液电解时必须考虑到氢气和氧气的产生。尤其是最近一些年，有机电化学研究日益受到人们的关注，有机溶剂的使用日益增多。作为有机溶剂应具有如下条件：可溶解足够量的支持电解质；具有足够使支持电解质离解的介电常数；常温下为液体，并且其蒸气压不大；黏性不能太大，毒性要小；可以测定的电势范围（电势窗口）大等。有机溶剂使用前也必须进行纯化，一般在对溶剂进行化学处理后采用常压或减压蒸馏提纯。在非水溶剂中，一种普遍存在的杂质是水，降低或消除水的方法一般是先通过分子筛交换，然后通过 CaH_2 吸水，再蒸馏而除去。表 1-1 列出了电化学实验常用的溶剂和介质性质。

表 1-1 电化学实验中常用溶剂的物理性质

溶剂	沸点/℃	凝固点/℃	蒸气压/Pa	相对密度/g·mL^{-1}	介电常数	偶极距[D]	黏度/cP	电导率/s·cm^{-1}
水	100	0	23.76	0.997	78.3	1.76	0.89	5.49×10^{-8}
无水乙醇	140	−73.1	5.1	1.069	20.3	2.82	0.78	5×10^{-9}
甲醇	64.70	−97.6	125.03	0.787	32.7	2.87	0.54	1.5×10^{-9}
四氢呋喃	66	−108.5	197	0.889	7.58	1.75	0.64	—
碳酸丙烯酯	241.7	−49.2	—	1.20	64.9	4.9	2.53	1×10^{-8}
硝化甲烷	101.2	−28.55	36.66	1.131	35.9	3.56	0.61	5×10^{-9}
乙氰	81.60	−45.7	92	0.776	36.0	4.1	0.34	6×10^{-10}
二甲基甲酰胺	152.3	−61	3.7	0.944	37.0	3.9	0.79	6×10^{-8}
二甲亚砜	189.0	18.55	0.60	1.096	46.7	4.1	2.00	2×10^{-9}

1.1.4 电解池的设计与安装

电化学电解池（electrochemical cell）主要包括电极和电解液，以及连通的一个容器。电解池的材料一般采用玻璃，视使用目的不同可采用不同材料，如在 HF 液和浓碱液中可采用聚四氟乙烯（PTFE）、聚乙烯和有机玻璃等作槽体。电解池设计时一般应注意以下几点。

(1) 电解池的体积不宜太大，尤其是所研究的物质较为昂贵时（如对于生物体系的电化学研究），因为体积大，耗液量多。

(2) 工作电极和辅助电极最好分腔放置。一般当工作电极上发生氧化（或还原）反应时，辅助电极上肯定要发生对应的还原（或氧化）反应，分腔放置可以避免两个电极上的反应物和产物之间相互影响，分腔放置的方法是隔膜的使用；同时工作电极和对电极的放置应使整个工作电极上的电流分布均匀。

(3) 参比室应有一个液体密封帽，以在不同溶液间造成接界，同时应选择合适的盐桥和 Luggin 毛细管位置，以降低液接电势和 IR 降。

(4) 进行电化学测量是常常需要通高纯氮气或氩气，以除去溶液中存在的氧气，因此，电化学电解池设计时还要注意留有气体的进出口。

(5) 如要温度保持恒定，必须考虑恒温装置；还要考虑搅拌。

此外，辅助电极的位置也必须放置得当。常见的电解槽有单室、双室和三室电解槽等。图 1-2 为几种电极体系电解池的示意图。

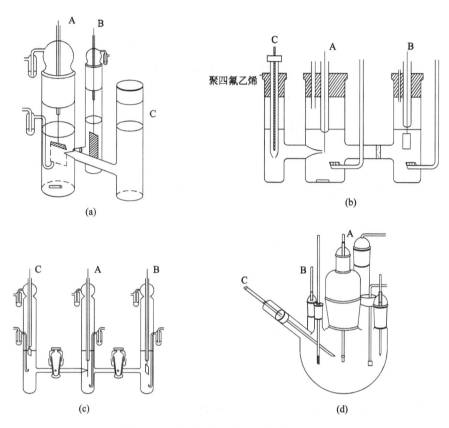

图 1-2　电化学研究用的几种简单电解池
A—工作电极；B—对电极；C—参比电极

1.2　电化学过程的热力学

1.2.1　可逆电化学过程的热力学

通过对一个反应体系研究能够知道一个化学反应在指定的条件下可能进行的方向和达到的限度。化学能可以转化为电能（或者反之）。如果一个化学反应设计在电池中进行，通过热力学研究同样能知道该电池反应对外电路所提供的最大能量，这就是电化学热力学的主要研究内容。

电池的可逆电动势是可逆电池热力学的一个重要物理量，它指的是在电流趋近于零时，构成原电池各相界面的电势差的代数和。对于等温等压下发生的一个可逆电池反应，根据 Gibbs 自由能定义，体系 Gibbs 自由能的减少等于体系对外所做的最大非体积功。如果非膨胀功只有电功（$W_{f,max}$ 可逆电功等于电池电动势与流过的电量的乘积）一种，则可得到

$$\Delta_r G_{T,p} = -W_{f,max} = -nEF \tag{1-1}$$

式中，n 为电池输出单位电荷的物理的量，单位为（mol 电子）；F 为法拉第常量，其值为 96484C·(mol 电子)$^{-1}$。如果电池反应的进度 $\xi = 1$mol，上式表示为

$$\Delta_r G_{m,T,p} = -nEF/\xi = -zEF \tag{1-2}$$

式中，z 为电极反应中电子的计量系数，量纲为（mol 电子）·（mol 反应）$^{-1}$，$\Delta_r G_{m,T,p}$ 的量纲为 J·mol^{-1}(V·C=J)。

根据电池反应的 Gibbs 自由能的变化可以计算出电池的电动势和最大输出电功等。若电池反应中各参加反应的物质都处于标准状态，则 (1-2) 式可写为

$$\Delta_r G_{m,T,p}^{\theta} = -zE^{\theta}F \tag{1-3}$$

已知 $\Delta_r G_{m,T,p}^{\theta}$ 与反应的平衡常数 $K_a^{\ominus}$ 的关系为

$$\Delta_r G_{m,T,p}^{\theta} = -RT\ln K_a^{\theta} \tag{1-4}$$

合并 (1-3) 和 (1-4) 式得到

$$E^{\theta} = (RT/zF)\ln K_a^{\theta} \tag{1-5}$$

标准电动势 E^{θ} 的值通过电极电势表获得，从而可以通过 (1-5) 式计算电池反应的平衡常数 K_a^{θ}。

根据 Gibbs-Helmholtz 公式，将 (1-2) 式代入得到

$$-zFT(\partial E/\partial T)_p = zEF - \Delta_r H_m$$

即

$$\Delta_r H_m = zEF + zFT(\partial E/\partial T)_p \tag{1-6}$$

依据实验测得的电池电动势和温度系数 $(\partial E/\partial T)_p$，根据 (1-6) 式就可以求出电池放电反应的 $\Delta_r H_m$，即电池短路时（直接发生化学反应，不作电功）的热效应 Q_p。同时，从热力学第二定律的基本公式可知，在等温时，$\Delta_r H_m = \Delta_r G_m - T\Delta_r S_m$，与 (1-6) 式比较得到

$$\Delta_r S_m = zF(\partial E/\partial T)_p \tag{1-7}$$

因此，从实验测得的电动势的温度系数，就可以计算出电池反应的熵变。在等温情况下。可逆电池反应的热效应为

$$Q_R = T\Delta_r S_m = zFT(\partial E/\partial T)_p \tag{1-8}$$

从温度系数的数值为正或为负，即可确定可逆电池在工作时是吸热还是放热。依据热力学第一定律，如体积功为零，电池反应的内能的变化 $\Delta_r U_m$ 为

$$\Delta_r U_m = Q_R - W_{f,max} = zFT(\partial E/\partial T)_p - zEF \tag{1-9}$$

以上讨论的是可逆电池放电时的反应，而对于等温、等压下发生的反应进度 $\xi = 1\text{mol}$ 的可逆电解反应，是环境对体系电功，类似于上述推导过程，同样可以得到有关热力学函数变化量和过程函数。

1.2.2 不可逆电化学过程的热力学

前面介绍了可逆电化学过程的热力学，而实际发生的电化学过程都有一定的电流通过，因而破坏了电极反应平衡状态，导致实际发生的电化学过程基本上均为不可逆过程，设在等温、等压下发生的反应进度 $\xi = 1\text{mol}$ 的化学反应在不可逆电池中，则体系状态函数的变化量 $\Delta_r G_m$，$\Delta_r H_m$，$\Delta_r S_m$ 和 $\Delta_r U_m$ 皆与反应在相同始末状态下在可逆电池中发生时相同，但过程函数 W 和 Q 却发生了变化。

对于电池实际放电过程，当放电时电池的端电压为 V 时，不可逆过程的电功 $W_{i,f}$可表示为

$$W_{i,f} = zVF \tag{1-10}$$

依据热力学第一定律，电池不可逆放电过程的放热效应为

$$Q_i = \Delta_r H_m + W_{i,f} = zFT(\partial E/\partial T)_p - zF(V-E) \tag{1-11}$$

公式(1-11)右式的第一项表示的是电池可逆放电时产生的热效应，第二项表示的是由于电化学极化、浓差极化以及电极和溶液电阻等引起的电压降的存在过程克服电池内各种阻力而放出的热量。显然，电池放电时放出的热量主要与放电条件有关，因此，对于电池的放电必须要注意放电条件的选择，以保证放出的热量不至于引起电池性能的显著变化

对于等温、等压下发生的反应进度 $\xi = 1\text{mol}$ 的不可逆电解反应，环境对体系作电功，当施加在电解槽上的槽压为 V 时，不可逆过程的电功 $W_{i,f}$可示为

$$W_{i,f} = -zVF \tag{1-12}$$

不可逆电解过程的热效应为

$$Q_i = \Delta_r U_m + W_{i,f} = -zFT(\partial E/\partial T)_p + zF(E-V) \tag{1-13}$$

公式(1-13)右边第一项表示的是可逆电解时体系吸收的热量，第二项表示的是由于克服电解过程各种阻力而放出的热量。对于实际发生的电解过程，体系从可逆电解时的吸收热量变成不可逆电解时的放出热量。为了维护电化学反应在等温条件下进行，必须移走放出的热量，因此必须注意与电化学反应器相应的热交换器的选择。

1.3 非法拉第过程及电极/溶液界面的性能

电极上发生的反应过程有两种类型，一类是电荷经过电极/溶液界面进行传递而引起的某种物质发生氧化或还原反应时的法拉第过程，其规律符合法拉第定律。所引起的电流称法拉第电流。另一类是在一定条件下，当在一定电动势范围内施加电势时，电极/溶液界面并不发生电荷传递反应，仅仅是电极/溶液界面的结构发生变化，这种过程称非法拉第过程。如吸附和脱附过程。无论外电源怎样给它施加电势，均无电流通过电极/溶液界面进行传递的电极称为理想极化电极（IPE）。当理想极化电极的电势改变时，由于电荷不能穿过其界面，所以电极/溶液界面的行为就类似于电容器。

1.3.1 电极的电容和电荷

电容器（capacitor）是由介电材料分开的两块金属薄片组成的，对于特定材料制成的电容器，其电容的值是特定的，电容器的行为符合以下方程式：

$$C=q/E \tag{1-14}$$

式中，q 是电容器的电量（库仑，C），E 是施加于电容器上的电势（伏特，V），C 是电容器的电容（法拉第，F）。当对电容器施加一个电势时，电荷将在金属板上积累起来，直到满足方程（1-14），而且定向排列在电容器两个极板上的电荷数目相等，符号相反，同时在电容器的充电过程中就会有充电电流通过。如图 1-3 所示。

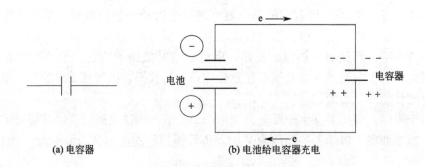

(a) 电容器　　　　　　　　　(b) 电池给电容器充电

图 1-3　电容器充电

电极/溶液界面的性质类似于一个电容器。对于电极/溶液界面，在一个给定的电势下，如果金属电极上带电荷为 q^M（正、负号由界面的电势和溶液的组成共同决定），溶液中带的电荷为 q^S，总有关系式 $q^M = -q^S$ 成立，如图 1-4 所示。由于电极和溶液界面带有的电荷符号相反，故电极/溶液界面上的荷电物质能部分地定向排列在界面两侧，称为双电层（double layer）。因而，在给定的电势下，电极/溶液的界面特性可由双电层电容来表征。

1.3.2 双电层理论

电极/溶液界面区的最早模型是 19 世纪末 Helmholtz 提出的平板电容器模型（也称紧密层模型），他认为金属表面过剩的电荷必须被溶液相中靠近电极表面的带相反电荷的离子层所中和，两个电荷层间的距离约等于离子半径，如同一个平板电容器。这种由符号相反的电荷层构成的界面区概念，便是"双电层"一词的起源。

双电层理论发展经历若干主要发展阶段。继 Helmholtz 之后，Gouy 和 Chapman 在 20 世纪初不谋而合地提出了扩散双电层模型。他们考虑到

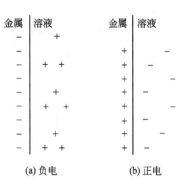

图 1-4 类似于电容器的金属/溶液界面金属所带电荷：

界面溶液侧的离子不仅受金属上电荷的静电作用，而且受热运动的影响，因此，电极表面附近溶液层中的离子浓度是沿着远离电极的方向逐渐变化的，直到最后与溶液本体呈均匀分布。该模型认为在溶液中与电极表面离子电荷相反的电子只有一部分紧密地排列在电极/溶液界面的溶液一侧（称紧密层，层间距离约为一、二个离子的厚度），另一部分离子与电极表面的距离则可以从紧密层一直分散到本体溶液中（称扩散层），在扩散层中离子的分布可用玻尔兹曼分布公式表示。Gouy-Chapman 模型的缺点是忽略了离子的尺寸，把离子视为点电荷，只能说明极稀电解质溶液的实验结果。1924 年，Stern 吸收了 Helmholtz 模型和 Gouy-Chapman 模型的合理因素，提出整个双电层是由紧密层和扩散层组成的，从而使理论更加切合实际。Stern 还指出离子特性吸附的可能性，可是没有考虑它对双电层结构的影响。Grahame 指出当金属/电解质溶液界面发生特性吸附时，紧密层具有更为精密的结构。Grahame 把金属/电解质溶液界面区分为扩散层（diffuse layer）和内层（或紧密层，inner or compact layer）两部分，两者的边界是 OHP（outer Helmholtz plane），即最接近金属表面的溶剂化离子的中心所在的平面。当存在特性吸附离子时，它们更加贴近电极表面，其中心所在平面即 IHP（inner Helmholtz plane），即最接近金属表面的溶剂化离子的中心所在的平面。当存在特性吸附离子时，它们更贴近电极表面，其中心所在平面即 IHP（inner Helmholtz plane）。Grahame 修正的 GCS（Gouy-Chapman-Stern）模型便是现代双电层理论的基础。但是 Grahame 没有考虑吸附溶剂分子对双电层性质的影响，溶剂分子层的作用成为 20 世纪 60 年代以来双电层理论的主要议题之一。

目前普遍公认的在 GCS 模型基础上发展起来的 BDM（Bockris-Davanathan-Muller）模型最具有代表性，其要点如下。

电极/溶液界面的双电层的溶液一侧被认为是由若干"层"组成的。最靠近电极的一层为内层，它包含有溶剂分子和所谓的特性吸附的物质（离子或分子），这种内层也称为紧密层、Helmholtz 层或 Stern 层，如图 1-5 和图 1-6 所示。实际上，

大多数溶剂分子（如水）都是强极性分子，能在电极表面定向吸附形成一层偶极层。因此通常贴近在电极表面第一层便是水分子层，第二层才是由水化离子组成剩余电荷层。特性吸附离子的电中心位置叫内 Helmholtz 层（IHP），它是在距离为 X_1 处。溶剂化离子只能接近到距离电极为 X_2 的距离处，这些最近的溶剂化离子中心的位置称外 Helmholtz 层（OHP）。溶剂化离子与电极的相互作用仅涉及远程的静电力，这些离子被称为非特性吸附离子。同时，非特性吸附离子由于电场的作用会分布于称为分散层（扩散层）的三维区间内并延伸到本体溶液。在 OHP 层与溶剂本体之间是分散层。

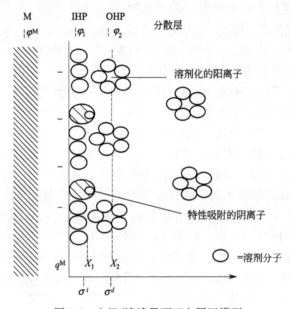

图 1-5　电极/溶液界面双电层区模型

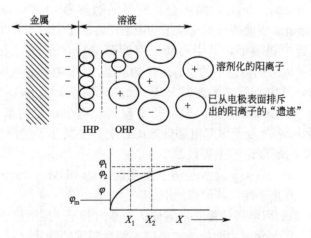

图 1-6　电极/溶液界面双电层电势分布示意图

内层特性吸附离子总的电荷密度是 σ^i，分散层中过剩的电荷密度为 σ^d，因而在双电层的溶液一侧，总的过剩电荷密度 σ^S 存在如下关系：

$$\sigma^S = \sigma^i + \sigma^d = -\sigma^M \tag{1-15}$$

在非法拉第过程中，电荷没有越过电极界面，但电极电势、电极面积或溶液组成的变化都会引起外电流的流动，其机理实际上是类似于双电层电容器的充电或放电，因此这部分电流称为充放电电流，或非法拉第电流。值得注意的是，一般情况下，法拉第过程和非法拉第过程常同时存在，因此电极反应动力学分析所需的法拉第电流效应是外电路电流与充电电流差。特别是当电极表面发生吸附时，非法拉第电流的影响常常是不能忽略的。由于电极/溶液界面的双电层受电极材料、电极表面物种和溶液中物种等的影响，因此，双电层结构能影响电极过程进行的速度，在电化学研究中一般不能忽略双电层电容或充电电流的存在，通常采用背景扣除的方法加以清除。需要指出的是，对于一些电化学体系（如生物膜）的研究，因电极/溶液界面并不发生电荷传递反应，故而研究电极/溶液界面的双电层性质就成为其主要研究方法。

在电化学的一些应用研究领域，双电层的作用非常显著。如在镉镍二次电池中，为了防止镉负极的钝化，常常在制备时加入一些表面活性剂。再如在电镀镍时，在镀液中加入了 1,4-丁炔二醇和糖精等物质，可以改善镀层质量，得到光亮镀层，加入十二烷基磺酸钠可以避免镀层出现针孔，究其原因，主要是由于这些物质都具有一定的表面活性，能被吸附在电极/溶液界面上，从而改变了电极/溶液界面的双电层结构和性质，影响电极过程。

1.3.3　零电荷电势与表面吸附

任何物种在电极与溶液接触的界面上具有的能量与其溶液本体中所具有的能量是不同的，这就导致了该物种界面张力 γ 的存在。界面张力与电极电势 φ 的能量是不同的，这就导致了该物种界面张力与电极电势之间具有一定依赖关系的现象称为电毛细现象（electrocapillarity）。如果将电极体系极化到不同的电极电势，同时测定相应的一系列界面张力值，作 γ-φ 图，可制得图 1-7 中曲线 1 所示的曲线，称为电毛细管曲线，其形状很接近抛物线。

从图 1-7 曲线 1 的形状可以看到：第一，γ-φ 曲线具有最高点。这是因为在纯汞电极的表面上，当不存在过剩电荷时，它的界面张力最大。第二，最高点的左边（称左分支）表示汞电极表面存在过剩的正电荷。右边（称右分支）表示汞电极表面存在过剩的负电荷。

电毛细曲线之所以具有抛物线形状，是因为在电场作用下，不仅有汞本来的表面张力。而且其单位面积上有过剩电荷。构成过剩电荷的离子将彼此排斥，并尽可能扩大其表面，所以它们有反抗界面张力收缩其表面的作用。因而，电极单位表面积上带的过剩电荷越多，即电流密度越大，排斥力越大，则界面张力变得

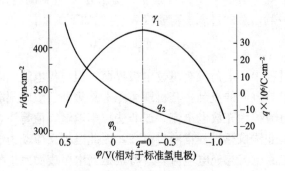

图 1-7　汞电极上的 γ 与 q 随电极电势 φ
的变化曲线［1dyn（达因）＝10^{-5}N］

越小。然而，电荷密度（q）的大小又取决于电极电势的大小。所以，在不同的电极电势下，引起的界面张力值不一样，如果电极表面带过剩正电荷，则曲线向左边下降；若电极表面带过剩负电荷，则曲线向右边下降，所以得到了抛物线形状的电毛细曲线。

研究电极/溶液界面上的界面张力对电极电势的依赖关系具有理论意义的。因为从这种关系的测定结果，能够了解双电层的构造和电极表面带过剩电荷的情况，有助于研究电极反应的热力学和动力学，也有助于掌握通过静电吸附方法制备化学修饰电极时条件的控制。

从上述讨论可知，在 γ，φ 和 q 之间存在一定的内在联系，它们之间存在的定量关系可以通过热力学关系导出。

界面吸附量和界面剩余电荷密度的关系可用 Gibbs-Duham 方程来表示。对于本体相，Gibbs-Duham 方程可写成：

$$SdT-Vdp=\sum n_i d\mu_i=0 \tag{1-16}$$

对电极/溶液的界面相则还需考虑界面自由能的影响，因此应该写为：

$$SdT-Vdp+Ad\gamma+\sum n_i d\mu_i=0 \tag{1-17}$$

其中，A 为电极/溶液界面的面积。在等温、等压条件下，上式简化为 Gibbs 吸附等温式：

$$d\gamma+\sum \Gamma_i d\mu_i=0 \tag{1-18}$$

其中　$\Gamma_i=n/A$，称为 i 物种的界面吸附量（mol·cm^{-2}）。

设想在 A，B 间界面的两侧划出一定界面区，其密度足够包括组成 A，B 相所有不同的全部区域，并在此区域内设定某一平面作为"分界面"（图 1-8）。按照这一模型，Γ_i 的定义为：

$$\Gamma_i=\lfloor n_{i(界面)}-c_i(B)V_B \rfloor/A \tag{1-19}$$

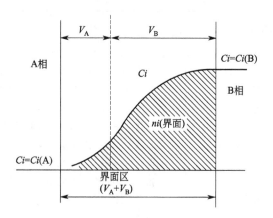

图 1-8 电极/溶液界面区模型$[c_i(A)\ll c_i(B)]$

式中，右方 $n_{i(界面)}$ 为界面内 i 物种的总量，而后两相为假设 V_A，V_B 两区内 i 的溶度仍保持 A，B 两相中 i 的整体浓度时界面区中应有的 i 总量。

显然，Γ_i 的数值与所选定的分界面的位置有关，习惯上选择分界面位置使 $\Gamma_{溶剂}=0$，因此（1-19）式中不必要再包括溶剂项。对于电极/溶液界面，如果认为电极相中除电子外不包含有能在界面区中富集的其他物种，则式（1-19）可改写为：

$$d\gamma=-qd\varphi-\sum\Gamma_i d\mu_i \tag{1-20}$$

式中，右方最后一项只累计液相中除溶剂外的物种。推导式（1-20）时将电势可改变的电极中的电子看作是一种界面活性物种。若电极表面上的剩余电荷密度为 q，则电子的界面吸附量 $\Gamma_e=-(q/F)$，而其偏克粒子自由能的变化为 $d\mu_e=-Fd\varphi$，因而 $\Gamma_e-d\mu_e=qd\varphi$，若溶液的组成不变，则式（1-20）简化为：

$$q=-(\partial\gamma/\partial\varphi)_{\mu_1,\mu_2,\cdots,T,p} \tag{1-21}$$

式（1-21）通常称为 Lippman 公式，表示在一定的温度和压力下，在溶液组成不变的条件下，γ、φ 和 q 之间的定量关系。根据式（1-21），可以由毛细曲线中的任意一点上的斜率求出该电极电势下的表面电荷密度 q。在图 1-7 中 γ-φ 曲线的左分支上，$d\gamma/d\varphi>0$，故 $q<0$，表明电极表面带负电。在曲线的最高点，$d\gamma/d\varphi=0$，即 $q=0$，表明电极表面不带电，这一点相应的电极电势称为"零电荷电势"（zero charge potential，ZCP），用 φ_Z 表示。

零电荷电势可以用实验方法测定，主要的方法有电毛细曲线法及微分电容曲线法（稀溶液中）。除此之外，还可以通过测定气泡的临界接触角、固体的密度、润湿性等方法来确定。由于测量技术上的困难，还不是所有金属的零电荷电势都已测定到，表 1-2 中列出了一些主要金属的零电荷电势。

表 1-2　金属的零电荷电势

电极材料	溶液组成	φ_Z(vs. NHE)/V	电极材料	溶液组成	φ_Z(vs. NHE)/V
Hg	0.01mol·L^{-1}NaF	-0.19	(多晶)	0.0005mol·L^{-1}H$_2$SO$_4$	-0.40
Pb	0.01mol·L^{-1}NaF	-0.56	Ag(111面)	0.001mol·L^{-1}KF	-0.46
Tl	0.001mol·L^{-1}NaF	-0.71	(100面)	0.005mol·L^{-1}NaF	-0.61
Cd	0.001mol·L^{-1}NaF	-0.75	(110面)	0.005mol·L^{-1}NaF	-0.77
Cu	0.001-0.01mol·L^{-1}NaF	$+0.09$	(多晶)	0.0005mol·L^{-1}Na$_2$SO$_4$	-0.70
Ga	0.008mol·L^{-1}HClO$_4$	-0.8	Au(110面)	0.005mol·L^{-1}NaF	0.19
Sb	0.002mol·L^{-1}NaF	-0.14	(111面)	0.005mol·L^{-1}NaF	0.50
Sn	0.00125-0.005mol·L^{-1}Na$_2$SO$_4$	-0.42	(100面)	0.005mol·L^{-1}NaF	0.38
In	0.01mol·L^{-1}NaF	-0.65	(多晶)	0.005mol·L^{-1}NaF	0.25
Bi(111面)	0.01mol·L^{-1}KF	-0.42			

表 1-2 中的数据都是高纯金属上测出的，各种阴离子在"电极/溶液"界面或多或少地具有表面活性，其顺序一般为 $I^->Br^->Cl^->SO_4^{2-}>ClO_4^->F^-$，表中数据取自表面活性很小或较小的那些离子体系。同一种电极在不同的阴离子体系中的零电荷电势 φ_Z 数值有所不同，如表 1-3 所示。

表 1-3　汞电极在不同溶液中零电荷电势

溶液	φ_Z(vs. NHE)/V	溶液	φ_Z(vs. NHE)/V
0.01mol·L^{-1}KF	-0.19	0.01mol·L^{-1}KBr	-0.29
0.01mol·L^{-1}KCl	-0.22	0.01mol·L^{-1}KI	-0.45

表 1-3 说明，由于阴离子的吸附引起 φ_Z 负移，而且表面活性愈强的阴离子，引起 φ_Z 负移的程度愈大。此外，如果电极金属表面发生氢的吸附，测得的 φ_Z 较负，而在电极表面发生氧的吸附，测得的 φ_Z 较正，这是由于 M—O 键的极性使 φ_Z 要正些。

零电荷电势是研究电极/溶液界面性质的一个基本参考点。在电化学中有可能把零电荷电势逐渐确定为基本的参考电势，把相对于零电荷电势的电极电势称为"合理电势"（rational potential），用 $(\varphi-\varphi_Z)$ 表示。"电极/溶液"界面的许多重要性质都与"合理电势"有关，主要有：

① 表面剩余电荷符号和数量；

② 双电层中的电势分布情况；

③ 各种无机离子和有机物种在界面吸附行为；

④ 电极表面上的气泡附着情况和电极被润湿情况等都与"合理电势"有关。

因此，零点电荷电势具有一定的参考意义。

我们知道电化学反应一般是在电极/溶液界面的电极表面上发生的，电极表面性能是影响电化学反应的重要因素。由于受电极材料种类的限制，如何改善现有电极材料的表面性能，使电极赋予所期望的性能，便成了电化学工作者研究的一个永恒课题。而通过吸附的方法有目的地在电极表面引入某些具有特定功能的物种就可能使电极赋予特定的功能。

在电毛细曲线最高点的左边表示电极表面存在过剩的正电荷，右边表示电极表示存在过剩的负电荷。当电极带电时，在静电作用下，双电层中反号离子的浓度高于其本体浓度（正吸附）。当无机离子或有机物种在电极/溶液界面上发生吸附时，电极/溶液界面的双电层结构和带电情况都会或多或少地发生改变，因此，物种在电极表面的吸附一方面与零电荷电势有关，另一方面又可能导致零电荷电势的改变。不同的物种在不同电极表面的吸附一般可分为五种类型。

第一种类型：由于电极表面过剩电荷的存在，离子通过静电引力吸附于电极表面，属于这类吸附的物种通常为简单的阴离子和阳离子。这类吸附物的吸附量与电极表面电荷密度的关系极大。

第二种类型：憎水的有机化合物（中性有机分子）取代电极表面吸附的极性水分子而吸附于电极表面。许多种类的有机化合物，如醇类、酮类、胺类以及羧酸类，由于其憎水性，溶剂化程度很低，可以吸附于电极表面；特别是一些含有苯环等共轭双键的有机分子，由于其 π 电子可与电极表面交迭、共享而被吸附，并且吸附强度随苯环数目的增大而增加，这类物质的吸附要取代表面的水分子，当电极/溶液界面被强烈极化时，水分子紧密的吸附于界面，用偶极矩较小的分子取代水分子在能量上是不利的。这时的吸附只能发生在零电荷电势点附近，此处水分子可以较容易的被取代，而且这类物种的吸附量在零电荷电势点最大，但随着电极表面电荷密度偏离零电荷电势点，吸附量也逐渐降低。

第三种类型：核外电子排布为 d^{10} 的金属离子，如 Zn^{2+}，Cd^{2+}，Tl^+，In^{3+} 等在与阴离子形成配合物后吸附于电极表面。这类吸附要求阴离子（如 SCN^-）本身能在电极上发生吸附，其特征是随电极表面电荷的增加而增加，然后再下降。

第四种类型：是过渡金属配合物的吸附，这类吸附与第三种类型不同，其吸附特征可以通过电极表面荷电情况和 d 电子的分布来了解。

第五种类型：前四种类型的吸附速度较快，而该类吸附需要一定的时间才能完成。在这类吸附过程中，配合物中的金属能与电极间形成金属—金属键，但其速度是很慢的。这类吸附除与金属配合物有关外，还与电极材料的性质、电极表面的荷电情况有关。

无论哪一种类型的吸附都与电极/溶液界面的双电层结构和电极表面荷电性质有关，同时在电极表面发生吸附前后，电极/溶液界面的双电层结构和电极表面荷电性质也会发生相应的变化。由此可见，研究双电层结构和电极/溶液界面荷电情况可以有助于研究物种在电极表面的吸附情况及其吸附特性。

1.4 法拉第过程和影响电极反应速度的因素

1.4.1 电极反应种类和机理

电极上发生的过程有两种类型，即法拉第过程和非法拉第过程。电极反应实际上是一种包含电子的、向或自一种表面（一般为电子导体或半导体）转移的复相化学过程。本节主要讨论涉及电荷传递的电极反应。基本电荷迁移过程有阴极还原过程：$O_x + ze \rightarrow Red$，和阳极氧化过程：$Red \rightarrow O_x + ze$，其主要反应种类如下：

(1) 简单电子迁移反应：指电极/溶液界面的溶液一侧的氧化或还原物种借助于电极得到或失去电子，生成还原或氧化态的物种而溶解于溶液中，而电极在经历氧化-还原后其物理化学性质和表面状态等并未发生变化，如在 Pt 电极上发生的 Fe^{3+} 还原为 Fe^{2+} 的反应，

$$Fe^{3+} + e \longrightarrow Fe^{2+}$$

(2) 金属沉积反应：溶液中的金属离子从电极上得到电子还原为金属，附着于电极表面，此时电极表面状态与沉积前相比发生了变化，如 Cu^{2+} 在 Cu 电极上还原为 Cu 的反应。

(3) 表面膜的转移反应：覆盖于电极表面的物种（电极一侧）经过氧化-还原形成另一种附着于电极表面的物种，它们可能是氧化物、氢氧化物、硫酸盐等。如铅酸电池中正极的放电反应，PbO_2 还原为 $PbSO_4$，

$$PbO_2(s) + 4H^+ + SO_4^{2-} + 2e \longrightarrow PbSO_4 + 2H_2O$$

(4) 伴随着化学反应的电子迁移反应：指存在于溶液中的氧化或还原物种借助于电极实施电子传递反应之前或之后发生的化学反应，如碱性介质中丙烯腈的还原反应。

(5) 多孔气体扩散电极中的气体还原或氧化反应：指气相中的气体（如 O_2 或 H_2）溶解于溶液后，再扩散到电极表面，然后借助于气体扩散电极得到或失去电子，气体扩散电极的使用提高了电极过程的电流效率。

(6) 气体析出反应：指某些存在于溶液中的非金属离子借助于电极发生还原或氧化反应产生气体析出。在整个反应过程中，电解液中非金属离子的浓度不断减少。

(7) 腐蚀反应：亦即金属的溶解反应，指金属或非金属在一定的介质中发生溶解，电极的重量不断减轻。

电极反应的种类很多，除简单电子迁移反应外，绝大多数电极反应过程是以多步骤进行的，如伴随着电荷迁移过程的吸、脱附反应和化学反应，现主要介绍伴随着化学反应的电子迁移反应机理。

(1) CE 机理：是指在发生电子迁移反应之前发生了化学反应，其通式可表示为：

$$X \longrightarrow Ox + ze \longrightarrow Red$$

如酸性介质中 HCHO 的还原反应：

$$H_2C \genfrac{}{}{0pt}{}{OH}{OH} \rightleftharpoons HCHO + H_2O \qquad\qquad\text{C 步骤}$$

（非电活性，水化式） （电活性，醛基式）

$$HCHO + 2H^+ + 2e \longrightarrow CH_3OH \qquad\qquad\text{E 步骤}$$

在给定的电势区间，溶液中反应物主要存在形式 X 是非电活性物种，不能在电极表面进行电化学反应，必须通过化学步骤先生成物种 Ox。后者再在电极上进行电荷传递。这类反应的例子有金属配离子还原、弱酸性缓冲溶液中氢气的析出以及异构化为前置步骤的有机电极过程等。

(2) EC 机理：是指在电极/溶液界面发生电子迁移反应后又发生了化学反应，其通式可表示为：$Ox + ze \longrightarrow Red \longrightarrow X$

如对氨基苯酚在 Pt 电极上的还原反应：

$$HO-\!\!\!\!\!\bigcirc\!\!\!\!\!-NH_2 \rightleftharpoons O=\!\!\!\!\!\bigcirc\!\!\!\!\!=NH + 2H^+ + 2e \qquad E$$

$$O=\!\!\!\!\!\bigcirc\!\!\!\!\!=NH + H_2O \longrightarrow O=\!\!\!\!\!\bigcirc\!\!\!\!\!=O + NH_3 \qquad C$$

随后质子转移过程的有机物还原以及金属电极在含配合物介质中的阳极溶解等均属于这类反应。

(3) 催化机理：是 EC 机理中的一种，指在电极和溶液之间的电子传递反应，通过电极表面物种氧化-还原的媒介作用，使反应在比裸电极低的超电势下发生，这中催化反应属于"外壳层"催化，其通式可以表示如下：

$$Ox + ze \longrightarrow Red \qquad\qquad \text{E 步骤}$$

$$Red + X \longrightarrow Ox + Y \qquad \text{C 步骤}$$

如 Fe^{3+}/Fe^{2+} 电对催化 H_2O_2 的还原反应：$1/2H_2O_2 + e \longrightarrow OH^-$

$$Fe^{3+} + e \longrightarrow Fe^{2+}$$

$$Fe^{2+} + 1/2H_2O_2 \longrightarrow Fe^{3+} + OH^-$$

电催化中还有更为复杂的类型，称化学氧化-还原催化，属于"内壳层"催化。当反应的总电化学反应中包括旧键的断裂和新建的形成时，发生在电子转移步骤的前、后或其中而产生了某些其他的电活性中间体。总的活化能会被某些

"化学的"氧化-还原催化剂所降低。在这种情况下，发生电催化反应的电势与媒介体的电势会有差别。最典型的例子是酸性介质中甲醇在铂电极上的电催化氧化反应。

$$Pt+CH_3OH \longrightarrow Pt-(CH_3OH)_{ad}$$
$$4Pt+Pt-(CH_3OH)_{ad} \longrightarrow 4Pt-H_{ad}+Pt-(CO)_{ad}$$
$$2Pt+H_2O \longrightarrow Pt-H_{ad}+Pt-OH_{ad}$$
$$Pt-(CO)_{ad}+Pt-(CO)_{ad} \longrightarrow 2Pt+CO_2+H^++e$$

对于电催化反应，由于电催化剂的使用，降低了反应的活化能，从而提高了反应速度。体现在电化学变量上就是催化剂的使用，降低了电极反应的超电势，提高了电极反应的电流或电流密度。

(4) ECE 机理：指氧化还原物种先在电极上发生电子迁移反应，接着又发生化学反应，在此两反应后又发生了电子迁移反应，生成产物。如对亚硝基苯酚的还原反应：

电极反应机理的确定较为困难，通过对上述介绍的几种伴随有化学反应的电极反应机理的认识，可以培养对其他复杂反应机理的判别能力，起到举一反三的作用。

1.4.2　电化学实验及电化学电池的变量

有法拉第电流流过的电化学电池分为原电池和电解池。无论是对原电池反应还是对电解池反应，要确定电极反应的种类和机理。测定电化学体系的热力学和动力学有关常数，掌握电化学体系的一些性质，就必须运用化学的、电化学的和光谱的方法等对体系进行详细的研究。

对于一个体系的电化学研究，包括维持电化学电池（包括原电池和电解池）的某些变量恒定，而观察其他变量（如电流、电量、电势和浓度）如何随受控量的变化而变化，需要全面了解影响电化学体系的变量。图1-9列出了影响电极反应速度的主要变量。

从广义概念看，对于一个未知体系的研究，通常是向体系施加一激励信号（如热信号、电信号、光信号），然后观察体系的一些其他性质函数的变化，从而了解体系的一些性质，简单过程如图1-10(a)所示。而图1-10(b)则表示了光谱实验的激励和响应情况。

在研究电化学体系时，通常把电化学池当做一个"黑盒子"，对这个"黑盒子"

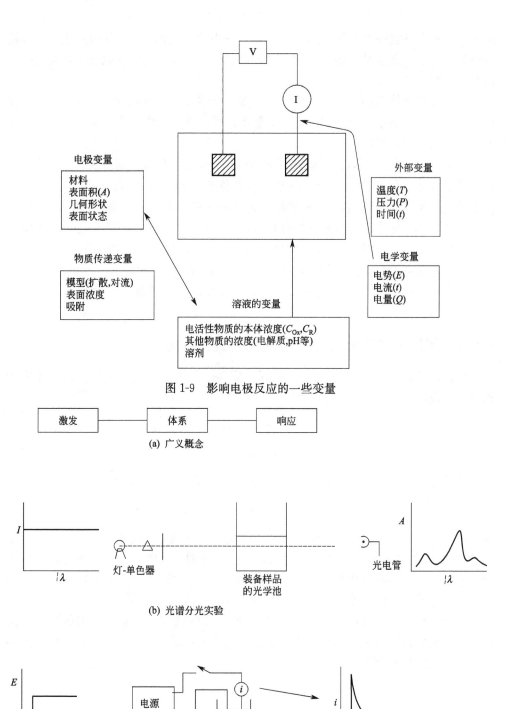

图 1-9   影响电极反应的一些变量

(a) 广义概念

(b) 光谱分光实验

(c) 电化学实验

图 1-10   未知体系研究的一般方法

施加某一种扰动或激发函数（如电势阶跃、恒电流极化），在体系的其他变量维持不变的情况下，测量某一定的时间函数，以获得关于体系的信息以及了解有关体系恰当的模型，如图 1-10(c)。

而对于已知体系的研究，电化学测定方法是将化学物质的变化归结为电化学反应，也就是以体系中的电势、电流或电量为体系中发生化学反应的量度进行测定的方法。电化学测定的优点是：

(1) 测定简单，可以将一般难以测定的化学量直接转变成容易测定的电参数；

(2) 测定灵敏度高，因为电化学反应是按法拉第定律进行的，所以，即使是微小的物质变化也可以通过容易测定的电流来测定。以铁的测定为例，1C（库仑）相当于 0.29mg 的铁，而电量是测量精度可达 10^{-16} C，所以，利用电化学测定方法，即使是 10^{-19} g 数量级的极其微量的物质变化也可以在瞬间测定下来；

(3) 即时性，利用上述高精度的特点，可以把微反应量同时检出，并进行定量；

(4) 经济性，使用的仪器比较便宜，而且具有灵敏度高、即时性等优点，因此，是一种经济的测定方法。

1.4.3　影响电极反应速度的因素及电极的极化

电极反应，如 $O_x + ze \longrightarrow Red$，其反应速度的大小与通过的法拉第电流密切相关。依据库仑定律和法拉第定律：

$$i = dQ/dt \tag{1-22}$$

$$dn = dQ/zF \tag{1-23}$$

依据化学动力学知识，单位时间生成或消耗的物质的量，即反应速度可表示为：

$$v = -(dn_{Ox}/dt) = -(dn_e/dt) = dn_{Red}/dt = i/zF \tag{1-24}$$

式中，i 表示电化学反应的电流，Q 表示电化学反应通过的电量，t 表示电流通过的时间，z 表示电极反应电子的计量数，dn_{Ox} 等分别表示电解产生或消耗的各对应物种的量和电子的物质的量，v 为电极反应进行的速度。从式(1-24)可见，在不同情况下电化学反应速度的大小可以通过流过的电流大小表示。

由于电极反应是在电极/电解液两相界面上发生的异相过程，因而解释电极反应速度往往较认识一个均相反应更为复杂。由于电极反应是异相的，其反应速度通常用单位面积的电流密度来描述，即：

$$v = i/zFA = j/zF \tag{1-25}$$

表达式中 A 为电极表面积，j 是电流密度（$A \cdot cm^2$）。通过公式(1-25)，电化学反应速度可以随时通过电流的直接测量而求得，它为定量处理电化学反应提供了很大的方便。

对于发生于异相界面的电极反应，施加在工作电极上的电势大小表示了电极反应的难易程度，而流过的电流则表示了电极表面上所发生反应的速度。电极反应速度除受通常的动力学变量的影响之外，还与物质传递到电极表面的速度以及各种表面效应相关。总的电极反应是由一系列步骤所组成，一般来讲，电极反应的速度由一系列过程所控制，这些过程可能是以下几种。

（1）物质传递：反应物从溶液本体相传递到电极表面以及产物从电极表面传递到本体溶液。

（2）电极/溶液界面的电子传递（异相过程）。

（3）电荷传递反应前置或后续的化学反应：这些反应可能是均相过程，也可能是异相过程。

（4）吸脱附、电沉积等其他的表面反应。

对于一个总的电极反应，其反应速度具体受何步骤控制，要有实验来确定。最简单的电极反应过程包括：反应物向电极表面的传递，非吸附物质参加的异相电子传递反应以及产物向本体溶液的传递。常见的更复杂的反应过程可能包括一系列的电子传递和质子化步骤，是多步的机理，或电极反应涉及了平行途径或电极的改性等。图 1-11 显示了对于一般电极反应的反应途径。需要指出的是，与连串化学反应一样，电极反应速度的大小决定于受阻最大、因而进行得最慢的步骤，这一步骤称为决定电极反应速度的速度控制步骤（r. d. s.）。

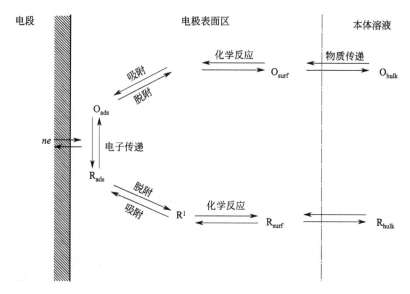

图 1-11　一般电极反应的途径

电化学体系研究中电极反应的信息常常通过测定电流与电势的函数关系而获得。当法拉第电流通过电极时，电极电势或电池电动势对平衡值（或可逆值，或Nernst 值）会发生偏离，这种偏离称为极化（polarization）。电极电势或电池电动势偏离平衡值越大，极化的程度就越大。极化的程度是通过超电势 η（overpotential）来衡量的，$\eta = E - E_{eq}$。阴极极化使电极电势变负（$\eta_c = \varphi_{eq} - \varphi_c$），阳极反之（$\eta_a = \varphi_a - \varphi_{eq}$）。一般来讲，对于同一电化学体系，通过的电流越大，电极电势偏离平衡值也越大，亦即超电势越大。

由于总电极反应是由一系列步骤所组成，因而极化的类型也不尽一样。极化的类型通常分为因浓度梯度存在而导致的浓差极化，电荷传递步骤控制的电化学极化以及伴随有化学反应的化学极化等，相应的超电势为浓差超电势（η_{mt}）、电化学极化超电势（η_{rct}）和化学反应超电势（η_{rxn}）。需要说明的是，对于一定的电极反应，在一定条件下可以对应与单一的极化类型，即某一类型的极化为电极反应的速度控制步骤，但更多的是几种极化作用协同效应的结果，其反应的超电势可以看作是有关的不同反应步骤的各种超电势之和。即使如此，为了揭示电极过程的规律，实验上必须创造合适条件使得某些因素的影响降低到最小程度，从而使被研究的影响因素突出地表现出来，这样通常在分析处理时抓住影响电极反应过程的速度控制步骤，而忽略其他极化对电极反应的影响。

1.4.4 电极反应动力学简介

前已述及，电极反应是伴有电极/溶液界面上电荷传递步骤的多相化学过程。电极反应虽然具有多相化学反应的一般特征，但也表现出自身的特点。首先，电极反应的速度不仅与温度、压力、溶液介质、固体表面状态、传质条件等有关，而且受施加电极/溶液界面电势的强烈影响。据估计，在许多电化学反应中，电极电势每改变 1V 可使电极反应速度改变 10^{10} 倍。然而，对一般电化学反应而言，如果反应活化能为 $40kJ \cdot mol^{-1}$，反应温度从 25℃ 升高到 1000℃ 时反应速度才提高 10^5 倍。电极反应的速度可以通过改变电极电势加以控制，因为通过外部施加到电极上的电势可以自由地改变反应的活化能，这是电极反应的特点和优点。其次，电极反应的速度还依赖于电极/电解质溶液界面的双电层结构，因为电极附近的离子分布和电势分布均与双电层结构有关。因此，电极反应的速度可以通过修饰电极的表面而改变。

电极反应动力学的主要任务是确定电极过程的各步骤，阐明反应机理和速度方程，从而掌握电化学反应的规律。

电化学反应的核心步骤是电子在电极/溶液界面上的异相传递，要准确地认识整个电极反应的动力学规律，就必须首先知道电极反应速度控制步骤的有关动力学信息。任何动力学方程的准确地动力学描述，在极限平衡条件下必然能给出一个热力学形式的方程式，对于一个可逆的电极反应来说，平衡态可以用 Nernst 方程加以表达，即

$$\varphi = \varphi^{\ominus'} + (RT/zF)\ln(c_{Ox}^* / c_R^*) \tag{1-26}$$

式中，c_{ox}^*，c_R^* 为氧化态和还原态物种的溶液本体浓度，$\varphi^{\ominus'}$ 为形式电势。在相应条件下，任何电极过程的动力学理论必然预示这一结果。同样，根据物理化学学过的

知识，一个成功的电极反应动力学模型，在大多数场合也必须能证明在高超电势下 Tafel 方程（$\eta=a+b\lg i$）的正确性。

　　大部分电化学反应涉及一个以上电子的转移，同时，这些电子的转移过程也不可能是一次完成的，而可能是各单电子步骤转移过程的组合。本部分仅讨论简单电子迁移的情形，其电极反应可以表示为：

$$Ox+ze \xrightleftharpoons[k_b]{k_f} Red \tag{1-27}$$

式中，k_f，k_b 分别表示上述反应正向进行和逆向进行时速率常数的大小。由于电极反应是发生在电极表面上的异相反应，所以电极反应的速度一般用电极单位面积的反应速度来表示，因此，速率常数的量纲为 $cm \cdot s^{-1}$。

1.4.4.1　电化学反应速度的表示式

　　电极反应是一个异相过程，发生于电极/溶液的界面，所以反应物向界面的扩散和产物由界面向溶液本体的扩散是必不可少的步骤，这就决定了电极表面物种的浓度不同于本体溶液相。假设电极表面附近氧化态物种 Ox 和还原态物种 Red 的浓度分别为 c_{Ox}^s，c_R^s，则依据化学动力学有关知识所讨论的电极反应正、逆反应速度为：

$$正向速度：v_f=k_f c_{Ox}^s \tag{1-28}$$

$$逆向速度：v_b=k_f c_R^s \tag{1-29}$$

$$净速度：v_{net}=v_f-v_b=k_f v_{Ox}^s-k_b c_R^s \tag{1-30}$$

　　前已提及，对于电极反应，其反应速度可直接用电流 i 或电流密度 j 表示，由动力学知识和法拉第定律可以推出 $v=i/zFA$ 及动力学表述式：

$$i_f=zFAv_f=zFAk_f c_{Ox}^s \tag{1-31}$$

$$i_b=zFAv_b=zFAk_f c_R^s \tag{1-32}$$

$$i_{net}=i_f-i_b=zFA(k_f c_{Ox}^s-k_f c_R^s) \tag{1-33}$$

　　对于电极反应，电极电势是可以控制的量，即可通过电极电势来控制电极反应速度的大小和 k_f、k_b。与一般化学反应不同，电化学反应的速度是和电极电势 ϕ 有关的，其关系式可以表示为：

$$k_f=k_f^0 \exp[(\alpha zF/RT\varphi)] \tag{1-34}$$

$$k_b=k_b^0 \exp[(\beta zF/RT\varphi)] \tag{1-35}$$

式中，φ 是工作电极相对参比电极的电极电势，故 k_f^0 和 k_b^0 应是电极电势等于该参比电极电势（即 $\varphi=0$）时的正、逆向反应的反应速率常数；α，$\beta(\beta=1-\alpha)$ 为电子传递系数（$\alpha<0$，$\beta<1$），是描述电极电势对反应活化能（或反应速度）影响程度的物理量，其物理意义在于可用来说明电场强度并不能全部用于改变反应的活化能。实验证明：电极电势对速率常数的影响也呈指数关系，即对正向还原反应来说，φ 值变负。应注意的是，φ 值对速率常数 k 的影响并不是电能 zFA 的 100%，

而是它的一部分，即 $\alpha z E F$ 或 $(1-\alpha)zEF$。如 $\alpha=0.50$，则意味着在所施加的电势中，只有 50% 是对阴极电荷传递产生有效影响的部分，另外 50% 用于影响阳极反应的速度。

将公式 (1-34)、(1-35) 代入 (1-33) 可得到反映电极反应的净速度，即外电路上流过的电流大小和电极电势关系的速度方程式，即著名的 Bulter-Volmer 方程：

$$i=zFA\{k_f^\theta c_{Ox}^s \exp[-(\alpha zF/RT)\varphi]-k_b^\theta c_R^s \exp[(\beta xp(T)\varphi]\} \qquad (1-36)$$

当被研究的溶液中 $c_{Ox}^* = c_R^*$，且电极界面与溶液处于平衡态时，$c_{Ox}^s = c_R^s$，这样可以推出：$k_f^\theta = k_b^\theta = k^\theta$，$k^\theta$ 为标准速度常数，

则：

$$i=zFAk^\theta\{c_{Ox}^s \exp[-(\alpha zF/RT)\varphi]-c_R^s \exp(\beta zF/RT)\varphi\} \qquad (1-37)$$

公式 (1-36)、(1-37) 表明了电极反应发生在电极电势 φ 值时，用电流表示的反应净速度的大小，k^θ 是反映氧化还原电对动力学难易程度的一个量，一个体系的 k^θ 较大，说明它达到平衡较快，反之，体系的 k^θ 较小，则达到平衡较慢。需要指出的是，速率常数的大小反映了电极反应速度的快慢。一般情况下，速率常数 $k>10^{-2}\,cm\cdot s^{-1}$ 时，就认为电荷传递步骤的速度很快，电极反应是可逆进行的；速率常数 $10^{-2}\,cm\cdot s^{-1}>k>10^{-4}\,cm\cdot s^{-1}$ 时，就认为电荷传递步骤进行的不是很快，此时处于电荷传递步骤和传质步骤的混合控制区，电极反应可以准可逆进行；而当速率常数 $k<10^{-4}\,cm\cdot s^{-1}$ 时，电荷传递步骤的速度就被视为很慢，此时电极反应可看成完全不可逆。

1.4.4.2　平衡电势下的电极反应速度-交换电流

在前面介绍的电极反应动力学基础上，现讨论当所施加电位等于平衡电极电势时的情况。当施加电势等于平衡电极电势时，电极反应处于平衡态，通过的净电流为零，有 $i=i_f-i_b=0$，故可推导出 $i_0=i_f=i_b$，i_0 称为交换电流 (exchange current)，是描述平衡电势下电极反应能力大小的物理量。同时，当电极反应处于平衡态时，即 $\varphi=\varphi_{eq}$ 时，$c_{Ox}^s = c_{Ox}^*$，$c_R^s = c_R^*$。由式 (1-36) 可得到：

$$i_0=zFAk_f^\theta c_{Ox}^s \exp[-(\alpha zF/RT)\varphi_{eq}] \qquad (1-38)$$

$$i_0=zFAk_b^\theta c_R^s \exp[(\beta zF/RT)\varphi_{eq}] \qquad (1-39)$$

(1-38)、(1-39) 二式联立可推导出：

$$k_f^\theta c_{Ox}^s/k_b^\theta c_R^s = \exp\{[(\beta zF/RT)-(-\alpha zF/RT)\varphi_{eq}]\}=\exp[(zF/RT)\varphi_{eq}] \qquad (1-40)$$

亦即

$$\begin{aligned}\varphi_{eq} &= (RT/zF)\ln(k_f^\theta/k_b^\theta)+(RT/zF)\ln(c_{Ox}^s/c_R^s)\\ &= \varphi^\theta+(RT/zF)\ln(c_{Ox}^*/c_R^*)\end{aligned} \qquad (1-41)$$

式中，φ^θ 为标准电极电势，是与相应电极反应速度常数相关的物理量。公式 (1-41) 是 Butler-Volmer 方程在平衡态时推导出的 Nernst 方程，这一结果部分地证明了 Butler-Volmer 方程的正确性。

虽然平衡时净电流为零，但并不代表电极反应的正、逆向速度为零。对于平衡条件下，交换电流 $i_0 = i_b = i_f$，所以，将公式(1-41) 代入公式(1-39) 可得：

$$i_0 = zFA[k_b^\theta e^{\beta(\ln k_f^\theta/k_b^\theta)}]c_R^s(c_{Ox}^s/c_R^s)^\beta = zFAk_0 c_{Ox}^s c_R^{s(1-\beta)}$$
$$= zFAk_0 c_{Ox}^{*(1-\alpha)} c_R^{*\beta} \tag{1-42}$$

因此，平衡时交换电流与 k_0 成正比，动力学方程中 k_0 常可用交换电流来代替，交换电流有时也化为交换电流密度来表示，$j_0 = i_0/A$。由于 k_0 的大小反映了电极反应速度的快慢，同样，电极反应速度的大小也可以用交换电流或交换电流密度的大小表示。

对于同一电化学反应，若在不同电极材料上进行，则可通过动力学方法测定 k_0 和 i_0 的值，由此可以判断电极材料对该反应催化活性的大小。k_0 和 i_0 越大，表示电极材料对反应的催化活性越高，反之，k_0 和 i_0 越小，电极材料对反应催化活性越低。

1.4.4.3　电流与超电势的关系

前已述及，电极电势与超电势的关系式，$\varphi = \eta + \varphi_{eq}$，代入公式，(1-36) 并利用 (1-34)、(1-35) 不难推导出：

$$i = i_0\{\exp[-(\alpha zF/RT)\eta] - \exp[(\beta zF/RT)\eta]\} \tag{1-43}$$

该式表明了电流 i 与超电势 η 的关系，即超电势对电化学反应速度的影响，该方程同样可以称为 Butler-Volmer 方程。图 1-12 为电化学极化控制的电极反应的电流与超电势的关系。显然，对于电化学步骤控制的电极反应，电流随着超电势的变化而变化，当超电势增加到一个足够大的数值时，电流将陡直上升，并不出现极限电流。

下面将介绍 $i-\eta$ 方程的几种近似处理。

(1) 低超电势时的线性特性。依据数学知识，当 x 值很小时，$e^x \approx 1+x$，因此，对于足够小的超电势，方程 (1-43) 可以简化为：

$$i = -i_0(zF/RT)\eta \tag{1-44}$$

该式表示了在接近平衡电势 φ_{eq} 的狭小范围内（类似于图 1-12 中超电势趋近于 0 的线形部分，此时施加的电势近视于平衡电势），电极反应的电流密度与超电势呈线性关系。$-\eta/i$ 具有电阻的因次，通常称为电荷传递电阻 R_{ct} 或电化学反应电阻，表示为

$$R_{ct} = RT/zFi_0 \tag{1-45}$$

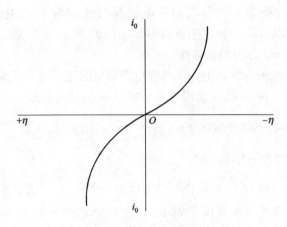

图 1-12 电化学极化控制的电极
反应的电流与超电势的关系

显然，当 k^θ 很大，即 i_0 很小时，R_{ct} 接近于零。实际上，电极反应电流的大小通常包括了电化学步骤的电流和扩散步骤的电流等。只不过在电流数值比较小时，主要显现出电化学步骤控制的特征，电流与超电势呈指数关系。但当超电势增加到一定数值后，电流增加的趋势趋于缓和，即扩散步骤控制的特征逐步显现出来，最后出现平阶，则转入由扩散步骤控制的区域，得到极限电流。中间阶段会有一个由电化学步骤控制转化为扩散步骤控制的混合控制区。对于扩散区的电极反应的理论处理在下一节加以介绍。

(2) 高超电势时的 Tafel 行为。高超电势时，方程（1-43）右式两项中的一项可以忽略。当电极上发生阴极还原反应，且 η 很大时（此时，电极电势非常负，阳极氧化反应是可以忽略的），$\exp[-(\alpha z F/RT)\eta] \gg \exp[(\beta z F/RT)\eta]$，方程（1-43）可以简化为：

$$i = i_0 \exp[-(\alpha z F/RT)\eta] \tag{1-46}$$

或

$$\eta = (RT/\alpha z F)\ln i_0 - (RT/\alpha z F)\ln i \tag{1-47}$$

对于一定条件下在指定电极上发生的特定反应，$(RT/\alpha z F)\ln i_0$ 和 $-(RT/\alpha z F)$ 为确定的值，即方程（1-47）可以简化为：$\eta = a + b\lg i$。因此，在强极化的条件下，由 Butler-Volmer 方程可以推导出 Tafel 经验方程。Tafel 方程中的 a，b 可以确定为

$$a = (2.303RT/\alpha z F)\lg i_0$$
$$b = -2.303RT/\alpha z F \tag{1-48}$$

阳极氧化高超电势时，$i-\eta$ 的 Tafel 关系可通过上述方法得到：

$$\eta = (RT/\beta z F)\ln i_0 - (RT/\beta z F)\ln i \tag{1-49}$$

根据式(1-47)和（1-49），以 $\ln i$ 对超电势 η 作图，应得直线，如图 1-13 所示，此图通常称为 Tafel 曲线。根据图上的直线的截距可以求出交换电流密度 i_0 的值，根据直线的斜率可以求出电荷传递系数 α 和 β 的值。

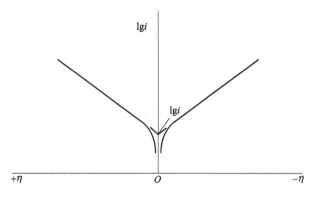

图 1-13　典型的 Tafel 曲线

(3) Tafel 方程。Tafel 方程是人类经验的总结，方程只适用于不存在物质传递对电流影响（即极化超电势较大）的情况。如果电极反应动力学过程相当容易，在超电势不是很大时，就能够达到物质传递的极限电流，对这样的体系，Tafel 方程就不适用。Tafel 行为是完全不可逆电极过程的标志。

尽管如此，Tafel 曲线（$\lg i$ 对 η 的曲线）仍然是求解电极过程动力学参数的有力工具。对于 Tafel 方程，高超电势下阴极支的斜率为 $-(\alpha z F/2.303RT)$，高超电势下阳极支的斜率为 $(1-\alpha)zF/2.303RT$，阴极、阳极的 $\lg i - \eta$ 曲线外推到 $\eta=0$ 可得到截距 $\lg i_0$，从而可求得交换电流的大小。

1.5　物质传递控制反应

1.5.1　物质的传递形式

电极过程是由一系列单元步骤组成的，当电荷传递反应的速度很快（即电化学极化较小），而溶液中反应物向电极表面的传递或产物离开电极表面的液相传质速度跟不上时，总的电极反应速度就由传质步骤所控制，即传质步骤是电极反应的速度控制步骤（r.d.s），表现在 $i-\eta$ 关系图上，电流出现了极限值。在此条件下，电化学反应通常可以用一种较简单的方法处理，即：

(1) 异相电荷传递速度快，均相反应认为处于平衡态；

(2) 参加法拉第过程的物质的表面浓度可以通过 Nernst 方程式与电极电势相联系。

此时，电极反应净速度 v_{net} 可以用传质速度 v_{mt} 来表示：

$$v_{\text{net}}=v_{\text{mt}}=i/zFA \tag{1-50}$$

物质传递是指存在于溶液中的物质（可以是电活性的，也可以是非电活性的）从一个位置到另一个位置的运动，它的起因是由于两个位置上存在的电势差或化学势的差别，或是由于溶液体积单元的运动。物质传递的形式有三种，即扩散（diffusion）、电迁移（migration）、对流（convertor）。

扩散是指在浓度梯度的作用下，带电的或不带电的物种由高浓度区向低浓度区移动。扩散过程可以分为非稳定扩散和稳定扩散两个阶段。当电极反应开始的瞬间，反应物扩散到电极表面的量赶不上电极反应消耗的量，这时电极附近溶液区域各位置上的浓度不仅与距电极表面的距离有关，还和反应进行的时间有关，这种扩散称为非稳态扩散。随着反应的继续进行，虽然反应物扩散到电极表面的量赶不上电极反应消耗的量，但有可能在某一定条件下，电极附近、溶液区域各位置上的浓度不再随时间改变，仅是距离的函数，这种扩散称为稳态扩散。稳态扩散中，通过扩散传递到电极表面的反应物可以由 Fick 扩散第一定律推导出；而对于非稳态扩散，物种扩散到电极表面物种的量可以由 Fick 扩散第二定律推导出。

电迁移是指在电场的作用下，带电物质的定向移动。在远离电极表面的本体溶液中，浓度梯度的存在通常很小的，此时反应的总电流主要通过所有带电物质的电迁移来实现。电荷借助电迁移通过电解质达到传输电流的目的。

对流是指流体借助本身的流动携带物质转移的传质方式。通过对电解液的搅拌（强制对流）、电极的旋转或因温度差可引起对流，可以使含有反应物或产物的电解液传输到电极表面或本体相。因此，对流的推动力可以认为是机械力。造成对流的原因可以是溶液中各部分存在的温度差、密度差（自然对流），也可以是通过搅拌使溶液作强制对流。

物种自或向电极表面的传递可以通过上述三种传质方式实现，其流量大小由 Planck-Nernst 方程决定。对于沿着 x 轴的一维物质传递，其流量大小可以表示为：

$$J_i(x) = -D_i \frac{\partial c_i(x)}{\partial x} - \frac{z_i F}{RT} D_i c_i \frac{\partial \varphi(x)}{\partial x} + c_i v(x) \qquad (1\text{-}51)$$

式中，$J_i(x)$ 为在距电极表面距离为 x 处物质 i 的流量（$\text{mol} \cdot \text{s}^{-1} \cdot \text{cm}^{-2}$），$z_i$，$c_i(x)$ 分别为物质 i 所带的电荷和距电极 x 处 i 物种浓度。方程式(1-51)中右边三项分别表示扩散、电迁移和对流对流量的贡献。

对于一般的电化学体系，必须考虑三种传质方式对反应动力学的影响，但是在一定条件下只是其中的一种或两种传质方式起主要作用。如当溶液中存在大量支持电解质时，电迁移流量的影响可以忽略；如果溶液再保持静止，则对流的影响一般可以忽略，这时起主要作用的是扩散。当强烈搅拌溶液（如使用旋转圆盘电极）时，扩散和对流同时起作用。

由于在实用电解生产过程中，施加在电极上的电势大小可以人为确定，这时电荷传递步骤对总反应速率的影响主要为物质的传输步骤，因此，溶液中的传质过程常常成为提高实际生产过程产率的决定步骤，因此，对传质过程的研究有助于提高传质过程速度，提高反应的产率。

1.5.2 稳态物质传递

当物质传递过程是电极反应过程的速度控制步骤时，由于电极反应的不断进行，导致电极表面反应物浓度和生成物浓度与本体溶液中的浓度不尽相同，这就造成了电极电势偏离平衡值，亦即电极上发生了极化。这种因扩散速度缓慢而造成电极表面与本体溶液浓度差别而引起的极化叫做浓差极化，与浓差极化相对应形成的超电势称为扩散超电势或浓差超电势。电极反应发生时，如果电化学步骤的极化很小，这样电子传递速度很快，电化学步骤仍处于平衡，浓差极化的电极电势仍可以用 Nernst 方程表示：

$$
\begin{aligned}
\varphi &= \varphi^\theta + \frac{RT}{zF} \ln \frac{a_{Ox}^s}{a_R^s} \\
&= \left(\varphi^\theta + \frac{RT}{zF} \ln \frac{r_{Ox}}{r_R} \right) + \frac{RT}{zF} \ln \frac{c_{Ox}^s}{c_R^s}
\end{aligned}
\tag{1-52}
$$

现讨论氧化物种 Ox 在阴极上还原时稳态物种传递是速度控制步骤时的情况。对于氧化态物种 Ox 在阴极上还原，当不存在电迁移时，物质传递速度 v_{mt}（亦即扩散速度）与电极表面的浓度梯度成正比，即

$$
v_{mt} \propto \left[\frac{\partial c_{Ox}(x)}{\partial x} \right]_{x=0}
\tag{1-53}
$$

式中，x 是氧化态物种 Ox 距电极表面的距离。这一关系可近似表达为：

$$
v_{mt} = m_{Ox} [c_{Ox}^* - c_{Ox}^s]
\tag{1-54}
$$

式中，c_{Ox}^*，c_{Ox}^s 分别为氧化态物种 Ox 在本体相和电极表面的浓度，m_{Ox} 为比例常数，称为物种 Ox 的传递系数，单位为 $cm \cdot s^{-1}$。取阴极还原电流为正，则方程（1-54）可表示为

$$
i/zFA = m_{Ox} [c_{Ox}^* - c_{Ox}^s]
\tag{1-55}
$$

电极反应在净阳极反应条件下，同样可以得到类似表达式

$$
i/zFA = m_R [c_R^* - c_R^s]
\tag{1-56}
$$

式中，i 为阳极氧化的电流，c_R^*，c_R^s 分别为还原态物种 Red 在电极表面和本体相的浓度，m_R 为还原物种 Red 的传质系数。

当电极表面 Ox 的浓度远小于本体浓度时，即 $c_{Ox}^* - c_{Ox}^s \approx c_{Ox}^*$，此时出现 Ox 传递的最高速度，在此条件下，电流的值称为极限电流 i_1，由关系式（1-57）可得：

$$
i_1 = zFAm_{Ox}c_{Ox}^*
\tag{1-57}
$$

由方程式（1-55）和（1-57）联立可得：

$$c_{Ox}^s/c_{Ox}^* = 1-(i/i_1) \tag{1-58}$$

$$c_{Ox}^s = (i_1-i)/zm_{Ox}FA \tag{1-59}$$

因此，存在于电极表面上物种 Ox 的浓度与电流 i 成线性关系。

在以上知识的基础上，现讨论不同条件下物质传递控制步骤的电极反应的稳态电流-电势曲线。

1.5.2.1 还原态物种 Red 最初不存在时的情况

当 $c_R^*=0$ 时，$c_R^s=i/zm_RFA$，联立 (1-52) (1-59) 可得电流-电势关系式：

$$\varphi = \varphi^{\theta} - \frac{RT}{zF}\ln\frac{m_{Ox}}{m_R} + \frac{RT}{zF}\ln\frac{i_1-i}{i} \tag{1-60}$$

依据式(1-60)，当 $i=1/2i_1$ 时，

$$\varphi = \varphi_{1/2} = \varphi^{\theta} - \frac{RT}{zF}\ln\frac{m_{Ox}}{m_R} \tag{1-61}$$

式中，$\varphi_{1/2}$ 为半波电势，与物质的浓度无关，为 Ox/Red 体系的特征值。因此，

$$\varphi = \varphi_{1/2} + \frac{RT}{zF}\ln\frac{i_1-i}{i} \tag{1-62}$$

当体系遵循方程式(1-62) 时，以 φ 对 $\ln\dfrac{i_1-i}{i}$ 作图，可得斜率为 $\dfrac{RT}{zF}$ 的一条直线。

由式(1-61) 可以看出，当 $m_{Ox}=m_R$ 时，$\varphi_{1/2}=\varphi^{\theta}$。

1.5.2.2 氧化态物种 Ox 与还原态物种 Red 最初都存在时的情况

当 Ox 与 Red 都存在时，由方程式(1-56) 可得到：

$$-i_a/zFA = m_R[c_R^s - c_R^*] \tag{1-63}$$

$$i_{1,a} = -zFAm_Rc_R^* \tag{1-64}$$

式中，i_a 和 $i_{1,a}$ 为阳极电流和阳极极限电流（为负值）。类似于以上推导，可以得到 c_R^s 的表达式：

$$c_R^s = (i-i_{1,a})/zFAm_R \tag{1-65}$$

$$c_R^s/c_R^* = 1-i/i_{1,a} \tag{1-66}$$

再联立 (1-52) 可得电流-电势关系式：

$$\varphi = \varphi^{\theta} - \frac{RT}{zF}\ln\frac{m_{Ox}}{m_R} + \frac{RT}{zF}\ln\frac{i_{1,c}-i}{i-i_{1,a}} \tag{1-67}$$

依据方程式(1-67)，当 $i=0$ 时，$\varphi=\varphi_{eq}$，电极反应体系处于热力学平衡态，表面浓度就等于本体浓度。

1.5.2.3 产物 Red 为不溶物时的情况

当产物 Red 为不溶物时（如金属的电沉积），可以近似认为电极反应在 Red 本体上发生，此时 Red 的活度 $a_R=1$，方程式(1-52) 表示为：

$$\varphi = \varphi^{\theta} + \frac{RT}{zF}\ln c_{Ox}^s \tag{1-68}$$

将式(1-58) 代入上式可以得到：

$$\varphi = \varphi^\theta + \frac{RT}{zF}\ln c_{Ox}^* + \frac{RT}{zF}\ln\frac{i_1 - i}{i} \qquad (1\text{-}69)$$

依据方程式(1-69)，当 $i=0$ 时，$\varphi = \varphi_{eq} = \varphi^\theta + \frac{RT}{zF}\ln c_{Ox}^*$。

1.6 电化学研究方法介绍

　　了解和掌握电极反应的动力学规律对于实际的电化学过程是非常重要的。譬如，为使电合成反应能在较理想的条件下进行，必须确定所施加的电流和电势值。只有电解池通过的电流足够大，才能得到较多的产品，提高生产率。但是大的电流必然会导致高的超电势，从而使反应物处于较高的活泼状态，结果会导致副反应相对增加，降低了反应的选择性，增加了分离的困难。因此对于一个实用电化学体系的研究，首先必须了解反应的热力学和动力学方面的基本规律，并对过程进行优化设计。要了解这些基本规律，就必须运用电化学和一些现代分析技术对体系进行定性的或定量的研究。

1.6.1　稳态和暂态

　　电极过程是一种复杂的过程，电极反应总包含有许多步骤。要研究复杂的电极过程，就必须首先分析各过程及相互间的联系，以求抓住主要矛盾。一般来说，对于一个体系的电化学研究，主要有以下步骤：实验条件的选择和控制，实验结果的测量以及实验数据的解析。实验条件的选择和控制必须在具体分析电化学体系的基础上根据研究的目的加以确定，通常是在电化学理论的指导下选择并控制实验条件，以抓住电极过程的主要矛盾，突出某一基本过程。在选择和控制实验条件的基础上，可以运用电化学测试技术测量电势、电流或电量变量随时间的变化，并加以记录，然后用于数据解析和处理，以确定电极过程和一些热力学、动力学参数等。

　　电化学研究方法笼统地讲可以分为稳态和暂态两种。稳态系统的条件是电流、电极电势、电极表面状态和电极表面物种的浓度基本不随时间变化而变化。对于实际研究的电化学体系，当电极电势和电流稳定不变（实际上是变化速度不超过一定值）时，就可以认为体系已达到稳态，可按稳态方法来处理。需要指出的是：稳态不等于平衡态，平衡态是稳态的一个特例，稳态时电极反应仍能够以一定的速度进行，只不过是各变量（电流、电势）不随时间变化而已；而电极体系处于平衡态时，净的反应速度为零。稳态和暂态是相对而言的，从暂态到达稳态是一个逐渐过渡的过程。在暂态阶段，电极电势、电极表面的吸附状态以及电极/溶液界面的暂态电流扩散层内的浓度分布等都可能与时间有关，处于变化中。稳态的电流全部是由于电极反应所产生的，它代表着电极反应进行的净速度，而流过电极/溶液界面的暂态电流则包括了法拉第电流和非法拉第电流。暂态法拉第电流是由电极/溶液界面的电荷传递反应所产生，通过暂态法拉第电流可以计算电极反应的量，暂态法拉第电流是由于双电层的结构改变引起的，通过非法拉第电流可以研究电极表面的吸附和脱附行为，测定电极的实际表面积。

稳态和暂态的研究方法是各种具体的电化学研究方法的概述，下面就简单介绍几种常见的电化学研究方法。

1.6.2　电势扫描技术-循环伏安法

在电化学的各种研究方法中，电势扫描技术应用得最为普通，而且这些技术的数学解析亦有了充分的发展，已广泛用于测定各种电极过程的动力学参数和鉴别复杂电极反应的过程。可以说，当人们首次研究有关体系时，几乎总是选择电势扫描技术中的循环伏安法，进行定性的、定量的实验，推断反应机理和计算动力学参数等。

循环伏安法（cyclic voltammetry）是指加在工作电极上的电势从原始电势 E_0 开始，以一定的速度 v 扫描到一定的电势 E_1 后，再将扫描方向反向进行扫描到原始电势 E_0（或再进一步扫描到另一电势值 E_2），然后在 E_0 和 E_1 或 E_2 和 E_1 之间进行循环扫描。其施加电势和时间的关系为：

$$E = E_0 - vt \tag{1-70}$$

式中，v 为扫描速度，t 为扫描时间，电势和时间关系曲线如图 1-14(a) 所示。循环伏安法实验得到的电流-电势曲线如图 1-14(b) 所示。

由图 1-14(b) 可见，在负扫方向出现了一个阴极还原峰，对应于电极表面氧化态物种的还原，在正扫方向出现了一个氧化峰，对应于还原态物种的氧化。值得注意的是，由于氧化-还原过程中双电层的存在，峰电流不是从零电流线测量，而是应扣除背景电流。循环伏安图上峰电势、峰电流的比值以及阴阳极峰电势差是研究电极过程和反应机理、测定电极反应动力学参数最重要的参数。

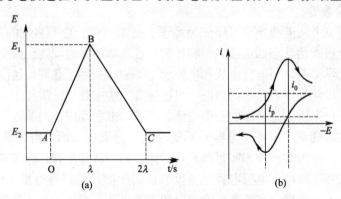

图 1-14　循环伏安实验的电势-时间曲线
(a) 和电势-电流曲线 (b)

对于符合 Nernst 方程的电极反应（可逆反应），其阳极和阴极峰电势差在 25℃为：

$$\Delta E_p = E_{pa} - E_{pc} = \frac{57 \sim 63}{n} \text{mV} \tag{1-71}$$

25℃时峰电势与标准电极电势的关系为：

$$E^\theta = \frac{E_{pa} + E_{pc}}{2} + \frac{0.029}{n} \lg \frac{D_{Ox}}{D_{Red}} \tag{1-72}$$

式中，E^θ 为氧化还原电对的标准电极电势，D_{Ox}，D_{Red} 分别为氧化态物种和还原态物种的扩散系数，n 为电子转移数。

25℃时氧化还原峰电流 i_p 可表示为：

$$i_p = -(2.69 \times 10^5) n^{3/2} c_{Ox}^* D_{Ox}^{1/2} v^{1/2} \tag{1-73}$$

式中，c_{Ox}^* 为溶液中物种的浓度，D_{Ox} 为其扩散系数，v 为扫描速度。依据方程式 (1-73) 不难发现，对于扩散控制的电极反应（可逆反应），其氧化-还原峰电流密度正比于电活性物种的浓度，正比于扫描速率和扩散系数的平方根。故方程式(1-73) 的一个重要应用是分析测定反应物的浓度。需要提及的是在应用公式(1-73) 时应注意各物理量的单位，建议统一用国际标准单位，这样不容易出错。

循环伏安法是研究电化学体系很方便的一种定性方法，对于一个新的体系，很快可以检测到反应物（包括中间体）的稳定性，判断反应的可逆性，同时还可以用于研究活性物质的吸附以及电化学-化学偶联反应机理。表 1-4 列出了对于不同电极过程的循环伏安判据。

表 1-4　不同电极过程的循环伏安判据

电极过程	电势响应的性质	电流函数的性质	阴阳极电流比性质	其他
可逆电子传递反应	峰电势 E_p 与扫描速度 v 无关；25℃时，峰电势差为：$E_{p,a} - E_{p,c} = (57 \sim 63) \text{mV}$，且与 v 无关	峰电流 I_p 与扫描速度 v 的平方根之比与 v 无关	阳极和阴极峰电流之比为1，且与 v 无关	
半可逆电子传递反应	峰电势 E_p 随扫描速度 v 移动；25℃时，峰电势差为接近与 $(57 \sim 63)/n\text{mV}$，且随 v 增加而增大	峰电流 I_p 与扫描速度 v 的平方根之比与 v 无关	阳极和阴极峰电流之比仅在 $a = 0.5$ 时为1，且与 v 无关	
不可逆电子传递反应	扫描速度 v 增加 10 倍，峰电势 E_p 移向阴极化 $30/an\text{mV}$	峰电流 I_p 与扫描速度 v 的平方根之比是常数	反扫描时没有电流	
可逆 CE 反应机理	随扫描速度 v 的增加，峰电势 E_p 移向阳极化。	当 v 增加时峰电势 I_p 与扫描速度 v 的平方根之比减小	阳极和阴极峰电流之比一般大于1，且随 v 增加而增加，在低 v 值时趋近于1	响应类似于可逆波，但当化学反应动力学步骤慢时，电流响应低于可逆波的情形

电极过程	电势响应的性质	电流函数的性质	阴阳极电流比性质	其他
可逆 CE 反应机理	随扫描速度 v 的增加，峰电势 E_p 移向阴极化。	当 v 改变时峰电流 I_p 与扫描速度 v 的平方根之比恒定	v 减小时，阳极和阴极峰电流之比由 1 减小	当化学反应动力学步骤快时，除峰电位移动外，其他响应与可逆电子传递反应相同
"外壳层"催化反应	随扫描速度 v 的增加，峰电势 E_p 移向平衡电势	在低 v 值时峰电流 I_p 与扫描速度 v 的平方根随 v 增加，逐渐变为与 v 无关	阳极和阴极峰电流之比远大于 1 或远小于 1	

1.6.3　控制电势技术-单电势阶跃法

控制电势的暂态实验是按指定规律控制电极电势，同时测量通过的电极电流或电量随时间的变化，进而计算反应过程的有关参数。前面介绍的循环伏安法就是控制电势技术的一种方式。电势阶跃法包括单电势阶跃和双电势阶跃实验两种，本部分只介绍单电势阶跃的方法。

单电势阶跃是指在暂态实验开始以前，电极电势处于开路电势，实验开始时，施加于工作电极上的电极电势突跃至某一指定值，同时记录电流-时间曲线（计时电流法，choronoamperimetry）或电量-时间曲线（计时电量法，chronocoulometry），直到实验结束为止。图 1-15 为单电势阶跃实验的电势-时间曲线和得到的相应的电流-时间响应曲线。刚开始时电流迅速增加达到最大值，此时暂态电流可能由于双电层充电引起，达到最大值后电流又随时间延长而下降，说明电极反应可能是扩散控制或电化学步骤和扩散联合控制。通过分析实验得到的电流-时间曲线同样可以确定电极反应的机理和测定动力学参数等，本部分只介绍扩散控制下得到电势阶跃法处理结果。

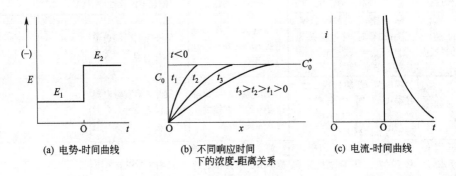

(a) 电势-时间曲线　　(b) 不同响应时间下的浓度-距离关系　　(c) 电流-时间曲线

图 1-15　单电势阶跃实验结果

对于扩散控制的电极反应，即电子传递是快步骤，当反应开始前只有氧化态物种 Ox 而不存在还原态物种 Red 时电流-时间关系的方程可由 Cottrell 方程给出：

$$i(t)=i_{\mathrm{d}}(t)=\frac{nFAD_{\mathrm{Ox}}^{1/2}c_{\mathrm{Cx}}^{*}}{\pi^{1/2}t^{1/2}} \tag{1-74}$$

通过分析方程式(1-74)不难发现，对于扩散控制的反应，电流 i 和 $t^{-1/2}$ 关系曲线为通过原点的直线，氧化-还原物种 Ox 或 Red 的扩散系数可通过直线的斜率而得到。

计时电量法是指在电势阶跃实验中将通过电极/溶液界面的总电量作为时间的函数进行记录，得到了相应电量 Q-t 的响应。对于扩散控制的电极反应，电量-时间关系式可由 Cottrell 方程（1-74）积分得到：

$$Q=\frac{2nFAD_{\mathrm{Ox}}^{1/2}c_{\mathrm{Ox}}^{*}t^{1/2}}{\pi^{1/2}} \tag{1-75}$$

扩散系数 D 的值同样可以从 Q-$t^{-1/2}$ 直线斜率求得。

需要指出的是：对于扩散控制的电极反应，由于溶液电阻和双电层的存在及仪器的限制，单电势阶跃实验有效的时间范围在几十微秒到 200s 之间。同时，与计时电流法相比，计时电量法的优点：由于电量是电流的积分，在很短的时间内电量受双电层的影响，但在很长时间范围内充电电流等对总电量的影响很快就可以忽略，这样得到的结果就会更真实；而且双电层充电和吸附物质对总电量的贡献可以与反应物的扩散区别开来。对于双电层和吸附物质存在时的单电势阶跃实验，公式(1-75)可表达为：

$$Q=\frac{2nFAD_{\mathrm{Ox}}^{1/2}c_{\mathrm{Ox}}^{*}t^{1/2}}{\pi^{1/2}}+Q_{\mathrm{dl}}+nFA\Gamma_{\mathrm{Ox}} \tag{1-76}$$

式中，Q_{dl} 是电容电量（即双电层充电的电量），$nFA\Gamma_{\mathrm{Ox}}$ 表示的是表面吸附的 Ox 的量 Γ_{Ox}（$\mathrm{mol\cdot cm^{-2}}$）还原所给出的法拉第分量。因此对于方程式(1-76)，如以 Q 对 $t^{-1/2}$ 作图，截距为 $Q_{\mathrm{dl}}+nFA\Gamma_{\mathrm{Ox}}$，这样可以更全面地分析复杂的电极过程。

1.6.4 控制电流技术-恒电流电解

控制电流的实验是按指定的规律控制工作电极的电流，同时测定工作电极和参比电极间的电势差随时间的变化（计时电势法）。控制电流技术中最简单最常用的为恒电流电解技术。恒电流电解实验中，施加在电极上的氧化或还原电流（恒定值）引起电活性物质以恒定的速度发生氧化或还原反应，导致了电极表面氧化-时间曲线和得到的相应电势-时间曲线如图 1-16 所示。

对于恒电流电解实验，施加于工作电极上的氧化或还原电流随时间的延长，工作电极表面还原态物种或氧化态物种浓度逐渐降低，直到为零，此时电极电势将快速地向更正电势或更负方向变化，直到另一个新的氧化或还原过程开始为止。施加恒电流后到电势发生转换的那段时间称为过渡时间 τ。过渡时间 τ 与物种浓度和扩散系数有关。通过实验得到的电势-时间曲线，同样可以判别电极反应的可逆性和

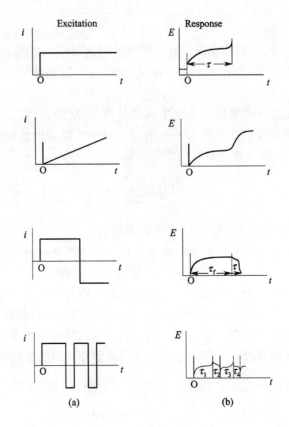

图 1-16　恒电流计时电势法的电流-时间关系（a）和
得到的电势-时间响应（b）

反应机理，计算有关的动力学参数。

对于恒电流电解，当电极反应开始只有氧化物种 Ox 时，依据 Butler-Volmer
动力学方程：

$$i=nFAk^{\theta}\left[c_{Ox}^{s}\exp\left(-\frac{\alpha nF}{RT}\varphi\right)-c_{R}^{s}\exp\left(\frac{\beta nF}{RT}\varphi\right)\right]\tag{1-77}$$

当时间进行到特定的过渡时间 τ 时，电极表面的氧化态物种或还原态物种的浓度下
降到零，此时公式(1-77)中括号内一项可以忽略，这样依据电势-时间关系图上过
渡时间 τ 时电势的值可以找出动力学参数和电极表面物种浓度的关系。同时恒电流
电解时还满足下列桑德方程：

$$\frac{i\tau^{1/2}}{c_{Ox}^{*}}=\frac{nFAD_{Ox}^{1/2}\pi^{1/2}}{2}\tag{1-78}$$

$$c_{Ox}^{s}(t)=c_{Ox}^{*}-\frac{2it^{1/2}}{nFAD_{Ox}^{1/2}\pi^{1/2}}\tag{1-79}$$

$$c_R^*(t) = \frac{2it^{1/2}}{nFAD_R^{1/2}\pi^{1/2}} \tag{1-80}$$

在电流 i 值已知的情况下所测出的 τ 值（或不同电流下得到的 $i\tau^{-1/2}$ 值）可以用来确定 c_{Ox}^* 和扩散系数 D_{Ox} 的值。

1.6.5 光谱电化学方法

前面介绍的几种电化学技术依靠电势、电流等函数的测量来获得有关电极/溶液界面的结构、电极反应动力学参数和反应的机理，但是这些方法的主要缺点是单纯电化学测量不能对反应产物或中间体的鉴定提供直接证据。为了满足这些需要，光谱电化学方法应运而生。

光谱电化学（spectroelectrochemistry）是将光谱原位（in-situ）或非原位（exsitu）地用于研究电极/溶液界面的一种电化学方法。这类研究方法通常以电化学技术为激发信号，在检测电极过程信号的同时可以检测大量光学的信号，获得电极/溶液界面分子水平的、实时的信息。通过电极反应过程中电信息和光信息的同时测定，可以研究电极反应的机理、电极表面特性，鉴定参与反应的中间体和产物性质，测定电对的克式量电势、电子转移数、电极反应速率常数以及扩散系数等。光谱电化学方法可以用于电活性、非电活性物质的研究，用于电化学研究的光谱技术的红外光谱、紫外可见光谱、拉曼光谱和荧光光谱等。

原位光谱电化学的基本原理是入射光束垂直横穿光透电极及其邻近的溶液（投射法）或入射光束从溶液一侧入射，达到电极表面反射（反射法）或激光束通过溶液射到电极表面（散射法），在测量电极反应的电学信息的同时，进行光谱信号的检测。投射法用于获取溶液或膜中均相反应的信息，而反射法多用于研究电极表面过程。

紫外可见光谱电化学方法要求在研究的体系中紫外-可见区域内要有光吸收变化，该方法仅局限于研究含有共轭体系有机物质和在紫外-可见光范围内具有光吸收的无机化合物。红外光谱电化学方法可以用于鉴定电极/溶液界面结构（尤其是吸附分子结构）、电极反应的机理以及中间体和产物的结构等。拉曼光谱电化学方法和红外光谱电化学方法相似，适用于分辨被吸附物或研究被吸附物的取向及所在的环境，但红外光谱法受溶剂吸收（尤其是水溶液体系）的影响和在低能量时（$<200\,cm^{-1}$）窗口材料的吸收所限制，阻碍了红外技术的应用范围，而拉曼光谱法具有在多种溶剂、宽广的频率范围内研究表面的潜力，已日益得到快速发展。其他光谱和波普及表面分析技术等在电化学体系中的应用就不介绍了。

参　考　文　献

[1]　藤屿 昭等编著，陈震，姚建年译．电化学测定方法．北京：北京大学出版社，1995.

[2]　周伟舫主编．电化学测量．上海：上海科学技术出版社，1985.

[3]　金利通等编著．化学修饰电极．上海：华东师范大学出版社，1992.

[4] Christopher M. A. Bettr and Maria Oliveira Brett, Electrochemistry——Principles, Methods, and Applications, Oxford University Press, 1993.

[5] A. J. Bard, L. R. Faulkner 编著. 谷林瑛等译. 电化学原理方法和应用. 北京：化学工业出版社，1986.

[6] 田昭武著. 电化学研究方法. 北京：科学出版社，1984.

[7] F. C. Anson，黄慰曾等编译. 电化学与电分析化学. 北京：北京大学出版社，1983.

[8] Southampton Electrochemistry Group 编著. 柳田厚，徐品第等译. 电化学中的仪器方法. 上海：复旦大学出版社，1992.

第**2**章　电化学工程基础

2.1　物料衡算

　　电化学工程的基本内容分为基础与应用两大部分，基础包括电化学热力学、电化学动力学、物料衡算和能量衡算、电化学传输过程、电流和电势分布理论等；应用包括电化学反应器的理论分析与设计、放大方法、过程的经济优化、实验室与中试车间的实验技术、过程控制等。基础部分的有关内容已在前章和物理化学教材中提及，本章扼要介绍物料衡算和能量衡算、主要的经济技术指标、电化学反应器的设计。

　　物料衡算是指对一个生产过程或一个设备系统内所有进入、离去、积累或损耗的物料，进行质量和组成方面的衡算。物料衡算的理论依据是质量守恒定律。在电化学生产过程中物料经常是流动的，体系与环境发生质量的交换，物料衡算的方程可表示为

$$\frac{dm}{dt} = N_1 - N_2 + G \tag{2-1}$$

dm/dt 为体系中某一物种的积累量随时间的变化，N_1 和 N_2 为单位时间内该物种进入和离开体系的质量，G 为该物种在体系中生成（正值）或消耗（负值）的速度（单位为 $mol \cdot s^{-1}$）。在稳定条件下，$dm/dt=0$，于是

$$N_2 = N_1 + G \tag{2-2}$$

电解产物的生成速率 G 与通过的电流有关，根据法拉第定律，G 可表示为

$$G = \frac{\nu I}{zF} \tag{2-3}$$

式中，ν 为电化学反应中该物种的化学计量数，z 为反应电子数。如果电极上有副反应，或产物在电解液中有二次反应，则上式还要乘上电流效率。

　　现在以生产氯气用的隔膜电解槽（图 2-1 为示意图）为例，进行物料衡算。将 65℃含有 5.39kmol·m^{-3} NaCl 的溶液输入电解槽中。阳极室温度为 95℃，每千克氯气带走 0.5kg 水离开阳极室。阴极室温度为 100℃，每千克氢气含 22kg 水蒸气离开阴极室。电解槽在 150kA 电流下稳定工作，阴极电解液中 NaOH 与 NaCl

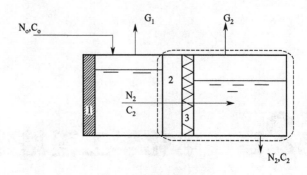

图 2-1 生产氯气的电解槽
1—阳极；2—隔膜；3—阴极

的摩尔比为 1：0.92 试利用上述数据计算：

① 进入电解槽，跨越隔膜和离开电解槽溶液的体积流速（$m^3 \cdot s^{-1}$）；

② 阳极电解液和阴极电解液的组成。

假设：（a）OH^- 不会迁移越过薄膜，Cl^- 的迁移数 t_- 为 0.58；（b）离开电解槽的流速降低是由于水的蒸汽和反应的消耗，从而减小液体的体积所致；（c）溶液进入阳极室后温度立刻变为与该室的温度相同；（d）阴、阳两极的反应效率均为 100%；（e）各种溶液具有与水相同的密度（$kg \cdot m^{-3}$），即 $\rho_0 = 981(65℃)$，$\rho_1 = 962(95℃)$，$\rho_2 = 958(100℃)$。

图 2-1 的 N_0、N_1 和 N_2 分别是盐水进料、越过隔膜的溶液和阴极室排出液的体积流速（$m^3 \cdot s^{-1}$）；c_0、c_1 和 c_2 是对应溶液中 NaCl 的浓度（$mol \cdot m^{-3}$）；G_1 和 G_2 为单位时间内 Cl_2 和 H_2 的产量（$kg \cdot s^{-1}$）。

以整个电解槽为衡算体系，衡算时间为 1s，列出以下衡算式：

氯气（$2Cl^- \longrightarrow Cl_2 + 2e$）的质量衡算

$$G_1 = \left(\frac{I}{2F}\right) \times 71 \tag{2-4}$$

氢气（$2H^+ + 2e \longrightarrow H_2$）的质量衡算

$$G_2 = \left(\frac{I}{2F}\right) \times 2 \tag{2-5}$$

氯原子的摩尔数衡算

$$N_0 c_0 = N_2 c_2 + \frac{I}{F} \tag{2-6}$$

钠原子的摩尔数衡算

$$N_0 c_0 = N_2 c_2 + \left(1 + \frac{1}{0.92}\right) \tag{2-7}$$

总质量衡算

$$\rho_0 N_0 = \rho_2 N_2 + G_1(1 + 0.5) + G_2(1 + 22) \tag{2-8}$$

以阴极室为衡算体系（图中虚线所示）列出如下衡算式：

氯原子的摩尔数衡算

$$N_1 c_1 = \frac{t_- I}{F} + N_2 c_2 \qquad (2-9)$$

钠原子的摩尔数衡算

$$N_1 c_1 + (1-t_-)\frac{I}{F} = N_2 c_2 \left(1 + \frac{1}{0.92}\right) \qquad (2-10)$$

由于 c_0、ρ_0、ρ_1、ρ_2、I 和 t_- 是已知的，而 G_1 和 G_2 可由（2-4）和（2-5）式求得，因此，由（2-6）到（2-10）式可得 N_0、N_1、N_2、c_1 和 c_2。计算结果为

$$N_0 = 5.536 \times 10^{-4} \mathrm{m^3 \cdot s^{-1}}$$
$$N_0 = 5.360 \times 10^{-4} \mathrm{m^3 \cdot s^{-1}}$$
$$N_0 = 4.733 \times 10^{-4} \mathrm{m^3 \cdot s^{-1}}$$

阳极液中 NaCl 浓度为 $254.2 \mathrm{kg \cdot m^{-3}}$，阴极液中含 $176.5 \mathrm{kg \cdot m^{-3}}$ NaCl 和 $131.3 \mathrm{kg \cdot m^{-3}}$ NaOH。

此外，通过衡算尚可求得氯气和氢气的产量均为 $0.7772 \mathrm{mol \cdot s^{-1}}$。

由实验电解槽测得阳极液中含 $266.1 \mathrm{kg \cdot m^{-3}}$，阴极液中含 $140 \mathrm{kg \cdot m^{-3}}$ NaOH，进料速度为 $5.4 \times 10^{-4} \mathrm{m^3 \cdot s^{-1}}$，与计算值相当一致，表明上述简单模型很好地反映工业电解槽的行为。

2.2 电压衡算与能量衡算

2.2.1 电压衡算

电流通过电解槽时，槽电压 U 为

$$U = E_d + \eta_A + \eta_K + \sum IR = E_d + \Delta U \qquad (2-11)$$

ΔU 为槽电压与理论分解电压之差值，包括阳极过电势、阴极过电势和电解槽内的欧姆电压降（电解液、隔膜、电极、集流器等欧姆电压降）。

为了降低槽电压，必须尽量减少各项电压数值。η_A 和 η_K 的大小与电极材料、结构有关，因而要选择合适的电极材料。E_d 由电解反应的本质所决定，改变它只能从革新工艺着手。例如隔膜法电解食盐水的阴极析氢反应，若用氧化还原反应代替之，则使理论分解电压降低 50%。$\sum IR$ 也是影响槽电压的重要因素之一，这部分能量转变为热而损失掉，故应尽量减少各项的电阻。

电解液的电阻 R_s 服从欧姆定律，与反应器的构型有关。平行板反应器中电极之间的溶液电阻为

$$R_s = \frac{l}{\kappa A} \qquad (2-12)$$

式中，κ 为电导率，l 为电极间的距离，A 为面积。

圆柱状反应器中，两个同心圆筒电极之间的溶液电阻为

$$R_s = \frac{1}{2\pi\kappa L}\ln\left(\frac{r_0}{r_i}\right) \tag{2-13}$$

式中，L 为圆筒长度，r_0 和 r_i 为外筒、内筒半径。

从上式可见，缩短电极间距可减少溶液电阻的电压降。

当电解过程中有气体产生时，一方面气泡覆盖电极表面，使有效反应面积减少；另一方面气泡分散在溶液中，使表观电导率降低，都引起槽电压的增加。Bruggemann 提出气液混合物的电导率有如下关系：

$$\kappa = \kappa_0(1-\varepsilon)^{3/2} \tag{2-14}$$

式中，κ_0 是没有气泡时溶液的电导率，ε 是溶液中气体的体积分数。此式可用于 $\varepsilon \leqslant 0.4$ 的场合。当 $\varepsilon = 0.4$ 时，$\kappa = 0.465\kappa_0$，可见，在所述的条件下溶液的电压降增加一倍以上。减少残留在溶液中的气体量是降低能耗的一个措施。

隔膜由绝缘材料做成，在电流通道间会使电阻增大。因此，隔膜在能隔离阴、阳极室产物的前提下，必须具有一定的通透率，以免电阻太大。

采用铁电极电解 KOH 溶液制取氢气，电解槽的主要尺寸如图 2-2 所示。操作温度为 80℃，电流为 500A，当气体压力为 1.01×10^5 Pa 时，阴极电解液中含 35% H_2，阳极电解液中含 20% O_2（均为体积分数），隔膜中不含气体。已知电极面积为 $1m^3$，E_d 为 1.154V，KOH 的电导率 κ_0 为 112S·m^{-1}，隔膜的有效电导率为 35S·m^{-1}。在铁电极上 $\eta_A = 0.35 + 0.07\lg i - 0.001(T-20)$，$\eta_K = 0.06 + 0.12\lg i - 0.002(T-20)$，$T$ 为操作温度（℃）。试求在上述条件下的电解电压。

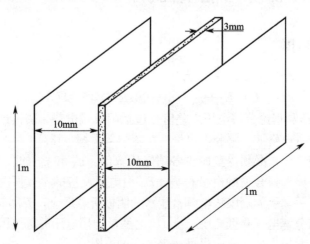

图 2-2　水电解槽的尺寸

由所给公式算出

$$\eta_A = 0.419V$$
$$\eta_K = 0.264V$$

按 $I\sum R = I\left(\dfrac{l_1}{\kappa_1 A} + \dfrac{l_2}{\kappa_2 A} + \dfrac{l_3}{\kappa_3 A}\right)$ 可算出欧姆电压降的总和。式中，A 为电极面

积，l_1，l_2，l_3 分别为阳极-隔膜间距离、隔膜-阴极间距离和隔膜厚度，依次为 0.01m，0.01m 和 0.003m；κ_1，κ_2 和 κ_3 分别为阳极液、阴极液和隔膜的电导率。根据(2-14) 式，$\varepsilon_1 = 0.20$，$\varepsilon_2 = 0.35$，算出

$$\kappa_1 = \kappa_0(1-\varepsilon_1) = 80.1 \text{S} \cdot \text{m}^{-1}$$

$$\kappa_2 = \kappa_0(1-\varepsilon_2) = 58.7 \text{S} \cdot \text{m}^{-1}$$

因此 $$\sum IR = 0.190 \text{V}$$

$$U = E_d + \eta_A + \eta_K + \sum IR = 2.027 \text{V}$$

电解水通常在加压下进行，要计算槽电压必须考虑压力对 E_d、η_A 和 η_K 的影响，也不能忽视气泡体积随压力增大而缩小所引起 ε 的变化。如果压力从 $1.01 \times 10^5 \text{Pa}$ 增加到 $1.01 \times 10^6 \text{Pa}$，$\varepsilon_1$ 将从 0.2 降到 0.0244，使 κ_1 从 80.1S · m^{-1} 变为 108S · m^{1-}。同理可求得 $\kappa_2 = 103.5 \text{S} \cdot \text{m}^{-1}$。可见，增大电压时电导率提高了，因而槽电压将减小。在 80℃，$1.01 \times 10^6 \text{Pa}$ 下，U 减小了 80mV。

2.2.2 能量衡算

可逆过程的自由能变化 ΔG 为

$$\Delta G = \Delta H - T\Delta S \tag{2-15}$$

对电解反应所需的最小电能，即对其所需的最小电功 W

$$W = \Delta G = -zFE_d \tag{2-16}$$

E_d 为理论分解电压。由(2-15) 式可知，在可逆情况下，为使电化学过程在等温条件下操作，需要向电解槽供给数值上等于 $T\Delta S$ 的能量。在实际生产中，等温操作是非常重要的，通过从环境吸热或输入额外电能进行等温操作，由此所需加的槽电压为热中电压 U_m

$$U_m = \frac{\Delta H}{zF} \tag{2-17}$$

工业电解过程往往是在不可逆条件下进行的，常常要消耗额外的电能，才可达到所需的电流密度。槽电压与热中电压之差所消耗的电能（$UIt - U_mIt$）会变成热 Q，把 Q 移走，才能维持等温。在等温操作条件，电解槽能量衡算式可表示为

$$UIt - U_mIt = UIt - \left(\frac{\Delta H}{zF}\right)It = Q \tag{2-18}$$

由(2-18) 式推出传热速率为

$$\frac{dQ}{dt} = UI - \left(\frac{\Delta H}{zF}\right)I \tag{2-19}$$

对于电解水，

总反应 $$H_2O \longrightarrow H_2 + \frac{1}{2}O_2$$

阴极反应 $$2H^+ + 2e \longrightarrow H_2$$

阳极反应 $$2OH^- \longrightarrow \frac{1}{2}O_2 + H_2O + 2e$$

已知 80℃时上述反应的 $\Delta G^{\Phi}=-222.8\text{kJ} \cdot \text{mol}^{-1}$，$\Delta H=-283.7\text{kJ} \cdot \text{mol}^{-1}$，由此算出

$$E_{\text{d}}=-\Delta G/zF=-222.8 \times 10^3/2 \times 96500=1.154\text{V}$$

$$U_{\text{m}}=-\Delta H/zF=-283.7 \times 10^3/2 \times 96500=1.470\text{V}$$

采用铁做阴、阳两极，在 80℃、电流密度为 500A · m^{-2} 时，从前面的例子得知 $\eta_{\text{A}}=0.419\text{V}$，$\eta_{\text{K}}=0.264\text{V}$。KOH 溶液、隔膜的电导率，极间距离，隔膜厚度也采用前面例子的数据，依次为 112S · m^{-1}，35S · m^{-1}，10mm，3mm。当电解流为 6000A 时，两电极的面积均为 12m^2，用上述数据算出的槽电压 U 为 2.027V。因此电解槽要维持等温操作，需要转移到环境的热为

$$Q=(U-U_{\text{m}})It=3.34 \times 10^3 t$$

t 为电解时间，故传热速率为 3.34kJ · s^{-1}。

上面只考虑没有传质的简单情况，下面讨论更全面的热平衡。进出电解槽的热流量 q 的总和等于零。即

$$\sum q_{\text{入}}+\sum q_{\text{出}}=0 \qquad (2\text{-}20)$$

热流量包括：

① 槽电压与热中电压之差消耗的电能转变而来的热流量

$$q_1=I(U-U_{\text{m}}) \qquad (2\text{-}21)$$

② 由传导、对流、辐射（高温要考虑）产生的热流量

$$q_2=q_{\text{传}}+q_{\text{对}}+q_{\text{辐}} \qquad (2\text{-}22)$$

$$q_{\text{传}}=-\frac{A\lambda}{L(T_1-T_2)} \qquad (2\text{-}23)$$

式中，A 为面积，λ 为电导率，L 为平壁传导体的厚度，(T_1-T_2) 为温差。

$$q_{\text{对}}=A\alpha(T_{\text{液}}-T_{\text{固}}) \qquad (2\text{-}24)$$

式中，α 为传热系数，$T_{\text{固}}$ 是固相表面温度，$T_{\text{液}}$ 为流体相温度。

$$q_{\text{辐}}=A_{\text{体}}\delta\varepsilon(T_{\text{体}}^4-T_{\text{环}}^4) \qquad (2\text{-}25)$$

式中，$T_{\text{体}}$ 为辐射体温度，$T_{\text{环}}$ 为环境温度，$A_{\text{体}}$ 为辐射面积（公式要求 $A_{\text{环}} \gg A_{\text{体}}$），$\delta$ 为 stefen-boltzmann 常数，ε 为发射率。

③ 反应物、产物传质流动产生的热流量

$$q_3=A\sum n_{\text{i}}M_{\text{i}}C_{\text{Pi}}T \qquad (2\text{-}26)$$

式中，A 为物料流动的面积，n_{i}、M_{i}、C_{Pi} 分别为组分 i 的摩尔流量、摩尔质量、比热容，T 为反应物或产物的热力学温度。

如果采用热交换器，则通过热交换器离开电解槽的热流量

$$q_{\text{冷}}=N_{\text{冷}}C_{\text{p,冷}}\Delta T \qquad (2\text{-}27)$$

式中，$N_{\text{冷}}$ 为冷却剂的流量，$C_{\text{p,冷}}$ 为冷却剂的比热容，ΔT 为冷却剂进出热交换器的冷却剂温度差。

若热量通过电解的气体逸出而离开电解槽，则必须考虑额外的热量。当气体经过电解液被水蒸气饱和时，除了水蒸气和气体混合物的热容量外，还必须考虑水的

蒸发热。总言之，影响电解过程的热平衡的因素很多，要结合具体对象来考虑。

2.3　电解生产的经济技术指标

2.3.1　转化率和选择性

一个电化学过程是否有实用价值的经济效益，常用转化率、电流效率、电能消耗和空时产率等指标来评价，下面首先介绍转化率。

转化率 C，又称为产率或原料回收率，其定义为

$$C=\frac{原料转化为产物的摩尔数}{原料消耗的摩尔数}\times100\% \tag{2-28}$$

一般而言，$C<1$。为了提高生产效益，必须寻求降低原料消耗的办法，或者设法分离产物中所含的副产物，原料回收率有时用选择性表示：

$$选择性=\frac{目的产物的摩尔数}{所有产物的摩尔数之和}\times100\% \tag{2-29}$$

2.3.2　电流效率

由法拉第定律可知，一个电极上得到产物的摩尔数与通过的电量成正比，1 摩尔产物所需的电量为 ZF，F 是 96487 库仑（C）或 26.8 安·时（A·h），Z 是电极反应的电子数。

因此电极产物的量可表示为

$$产物的量=\frac{ItM}{zF}— \tag{2-30}$$

ItM 分别为通过的电流强度、通电时间、产物的分子量。式中 M/ZF 为一常数，这是通过单位电量得到产物的质量，被称为电化当量 k。例如 Cu^{2+} 还原为 Cu，$k=63.57/2\times96487=0.3294mg·C^{-1}$，又等于 $1.186g·(A·h)^{-1}$。

电解时通过的电流并非全部用于生成目的产物，目的产物的量也就低于(2-30)式计算的量（理论产量）。电流效率 η 定义为

$$\eta=\frac{生产目的产物所用的电量}{消耗的总电量}\times100\% \tag{2-31}$$

也可由目的产物的实际产量与 kIt 之比计算出 η_1。

由于电解槽两个电极进行的反应不同，故有不同的电流效率。根据阴极产物计算的电流效率叫阴极电流效率，根据阳极产物计算的电流效率叫阳极电流效率。电流效率通常低于 100%，偶然也有大于 100%，金属阳极溶解时可能出现这种情况，这是因为还存在金属的化学溶解。

电流效率低于 100% 的原因主要是副反应（例如电解生产锌时的析氢反应）和二次反应（例如阳极产生的氯气溶解在电解液中形成次氯酸盐）。电流空耗（漏电、金属离子不完全放电、熔盐电解时存在电子导电）和机械损失也不可忽视。一般来

说，熔盐电解的电流效率比水溶液电解的低。

2.3.3 电能消耗和电能效率

电解时每个电解槽所需的电能为 IUt，而生产单位重量的产物所需的电能，称为电能消耗（或简称能耗），可由下式来计算

$$能耗 = \frac{UIt}{(ItM/zF) \times \eta_1} = \frac{zFU}{M\eta_1} = \frac{U}{k\eta_1} \tag{2-32}$$

理论上所需的电能为 $E_d I't$，I' 为按法拉第定律计算所需的电流，因此，电能效率 η_E 可表示为

$$\eta_E = \frac{E_d I't}{UIt} \times 100\% = \frac{E_d}{U} \times \frac{I'}{I} 100\% \tag{2-33}$$

式中 $(I'/I) \times 100\%$ 为 η_1，而电压效率 η_U 定义为

$$\eta_U = (E_d/U) \times 100\% \tag{2-34}$$

则(2-33) 式变为

$$\eta_E = \eta_1 \times \eta_U / 100\% \tag{2-35}$$

提高能量效率，即减小电能消耗，要尽量降低槽电压和提高电流效率，可选用下列途径：

① 减小电解液中杂质含量，可提高电流效率；

② 适当提高反应物浓度，有利于在较高电流密度下得到较高的电流效率；

③ 加入适当的电解质，提高溶液电导，降低槽电压；

④ 加入适量的表面活性物质，改善产品的质量；

⑤ 适当提高温度，增加溶液电导，降低槽电压；

⑥ 适当提高电流密度，强化生产；

⑦ 缩短极距，减少欧姆电压降。

2.3.4 空时产率

空时产率是指单位体积的电解槽在单位时间内所得产物的量，其单位常用 $mol \cdot L^{-1} \cdot h^{-1}$。它是衡量电解槽生产能力的指标，与单位体积电解槽内通过的有效电流成正比例，即和电流密度、电流效率、单位体积内的电极面积三者乘积成正比例。增大电极面积与电解槽体积之比值 A/V，可提高电解槽的生产能力。为了使电极的正反两个表面都参加电极反应，常把阴阳极组合起来使用，例如以下两种平行板式电解槽。

(1) 单极式：如图 2-3(a) 所示，位于中间的任一块极板的两面都充分参与电解，而两端的两块极板的利用率不大。槽电压等于任意两块相邻电极之间的电势差，通过电解槽的总电流随电极数目增加而成比例的增大。极板的间距越小，A/V 的值越大，但增大 A/V 的值必须考虑其他因素，例如电极反应逸出气体产物，就要设法减小气体从溶液析出的阻力。

（2）复极式：如图 2-3（b）所示，只有电解槽两端的两块极板联结电源，其余中间各块的一面为阴极，另一面为阳极，具有双重极性。相邻两块极板和他们之间的电解液组成一个电解单元，彼此串联在一起。因此通过每个电解单元的电流就是总电流，槽电压等于电解单元的电压乘以（极板数－1）。复极式的优点是金属导体少，外电路欧姆电压降的损失低，电解槽的占地面积小，缺点是相邻两个电解单元会通过电解液产生漏电电流，而且极板同一面上会有少量极性不同的点，引起电化学腐蚀作用。复极式电解槽形状似压滤机，其极板常用同一个金属制成，也可由两种不同的金属板粘接而成。

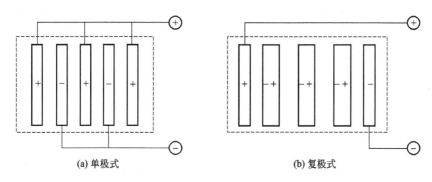

(a) 单极式　　　　　　　　　　(b) 复极式

图 2-3　电极板的组合方式

上面讨论的各个指标都是一系列实验变量的函数。这些变量包括电极电势、电极材料和结构、电活性物种的浓度、溶液的介质、温度、压力、传质方式和电解槽的设计等。电解槽的总体性能是由这些变量之间复杂联系决定的，而电解过程的优化依赖于这些参数的合理选择。

此外，电解槽的成本与寿命在电解生产中也很重要。这是较难评价的指标，因为电解槽的所有部件的初始成本、性能和寿命都对它有影响。

2.4 电化学反应器

2.4.1 电化学反应器的分类

电化学反应器又名电解池，工业上称电解槽。电解槽与其他化工反应器的区别主要在于它有阴阳两种电极，设计时要考虑电极上的电位和电流分布、电极过程动力学、电解槽中的传热和传质，以及电极材料、隔膜、离子膜等的物理化学性质和价格。按操作方式可把电化学反应器分为三类。

（1）间歇式电化学反应器。把电解液装在反应器内，电解一定时间后停电出料。因间歇出料，故生产率不高，只适合于小规模生产。反应器内电解液的浓度和温度随电解时间而变，需经常调节槽电压时电流密度尽可能接近最适宜值。为了便于控制反应温度和增大反应器的容量，可使电解液在电解槽和另一化学反应器组成的封闭系统循环,边流动边电解。电解制取氯酸盐的反应器就是采用这种方式的。

(2) 活塞流式电化学反应器。电解液从反应器的一端流入,另一端流出,边流动边电解。其特征是流经反应器的流体体积元像活塞那样平推移动,均不会跟前后的体积元混合。达到稳态后,反应器内各处的温度和浓度均不相同,但分别保持恒定。单个反应器的转化率不高,当要求转化率较高时,可将多个反应器串联起来操作。

(3) 连续搅拌式电化学反应器。用机械搅拌器或鼓气泡使电解液达到完全混合,反应器内电解液的组成等于出口料液的组成。在操作达到稳态时,即加料速度、电流和电压等保持稳态时,出口料液组成不随时间而变。操作简便,但反应器不如活塞流式那样坚实,制造费用和操作费用都较高。

电化学反应器还可按构型或其他方式来分类。若按电极构型来分,则有表 2-1 所列的各种类型的电化学反应器。

表 2-1　按电极构型分类的电化学反应器

二 维 电 极		三 维 电 极	
静止电极	动电极	静止电极	动电极
1. 平行板电极 　板电极放入槽中 　压滤式 　层式	1. 平行板电极 　往复式 　振动式	1. 多孔电极 　网状 　带状 　泡沫式	1. 活性流化床电极 　金属粒子 　碳粒子
2. 同心圆筒电极 　棒电极放入槽中 　流通式	2. 旋转电极 　旋转圆筒 　旋转圆盘 　旋转棒	2. 填充床电极 　颗粒/薄片 　纤维/金属绒 　球	2. 移动床电极 　泥浆 　倾斜床 　转鼓床
3. 叠盘电极			

2.4.2　电化学反应器的设计

电化学反应器的设计需要考虑如下因素。

(1) 电极材料的选择:要求材料稳定而持久地工作,具有高的电流效率和低的过电势,价格便宜。

(2) 电解质浓度:尽可能用浓度较高的电解液,以提高电解液的电导率,减少溶液中的欧姆电势降。

(3) 温度和压力:除特殊要求外,一般电解槽都用常压操作。温度常采用高于室温的温度,以加速电极反应速度,减少极化,提高电解液的电导率。

(4) 传质方式:一般采用搅拌或循环电解液来加快传质。有气体释出的电极,可借气泡上升搅拌溶液。

设计电化学反应器时,首先从单个反应器的产率要求、原材料转化率的要求和电流效率进行物料衡算，求出通过反应器的总电流，再按选出的电流密度算出所需的电极总表面积，初步选择一种反应器的操作方式。然后根据电化学反应的性质、反应物和产物的物理化学性质、电解液的温度等，选择电极材料和确定电解槽的整体结构。电流密度是电化学反应器的重要参数，影响到槽电压的大小和电流效率的高低。在不降低电流效率的条件下，尽可能增大电流密度来提高生产力。但是电流密度的提高会受到扩散传质的限制，电化学反应器采用的电流密度及电极面积必须考虑到这一点。下面用活塞流式电化学反应器为例加以说明。

如图 2-4 所示，电解液以体积流速 N 通过二块平板电极，边流动边电解。进口处的浓度为 c_1，出口处降到 c_2。在板长 x 处的体积平均浓度为 c，电极表面浓度为 c_s，传质系数为 m_x，则电流密度

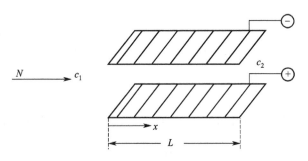

图 2-4　平行板电极电化学反应器

$$i_x = zFm_x(c - c_s) \tag{2-36}$$

设电极板全长为 L，单位长度极板面积为 a，则电流强度为

$$I = a\int_0^L i_x \mathrm{d}x \tag{2-37}$$

电解液流过板长 $\mathrm{d}x$ 后，电活性物质平均浓度的变化为 $-\mathrm{d}c$，由物料衡算可得

$$-N\mathrm{d}c = \frac{ai_x}{zF}\mathrm{d}x \tag{2-38}$$

把(2-36)式代入(2-38)式，整理后积分

$$\int_{c_1}^{c_2}\frac{\mathrm{d}c}{(c-c_s)} = -\frac{a}{N}\int_0^L m_x\mathrm{d}x = -\frac{a\,\overline{m}}{N}L \tag{2-39}$$

式中，$\overline{m}$ 为平均传质系数，把上式改写成为

$$L = -\frac{N}{a\overline{m}}\int_{c_1}^{c_2}\frac{\mathrm{d}c}{(c-c_s)} \tag{2-40}$$

当 $c_s = 0$，电流密度为极限值，这时板长达到转化率所要求的最短长度 $L_{\min}$

$$L_{\min} = -\frac{N}{a\overline{m}}\int_{c_1}^{c_2}\frac{\mathrm{d}c}{c} = \frac{N}{a\overline{m}}\ln\frac{c_1}{c_2} \tag{2-41}$$

求 L_{min} 必须知道传质系数。传质方式有迁移、扩散和对流；在大量支持电解质存在时，可忽略迁移。根据电极和电解槽的形状、尺寸，可估算传质系数。

对于平板电极，电解液沿板长方向流动时，其极限电流密度的平均值

$$\overline{i_L} = \frac{1}{L}\int_0^L i_L(x)\mathrm{d}x = 0.678nFD\left(\frac{\nu}{D}\right)^{1/3}\left(\frac{\overline{u}}{\nu L}\right)^{1/2}c^0 \tag{2-42}$$

式中，$\overline{u}$ 为电解液平均线速度，D 为扩散系数，ν 为电解液的动力黏度。$\overline{i_L}$ 又可表示为

$$\overline{i_L} = zF\overline{m}c^0 \tag{2-43}$$

由（2-42）和（2-43）式得

$$\overline{m} = \frac{i_L}{zFc^0} = 0.678D\left(\frac{\nu}{D}\right)^{1/3}\left(\frac{\overline{u}}{\nu L}\right)^{1/2}D- \tag{2-44}$$

两边乘以 (L/D)，得无量纲数值，称为舍伍德（Sherwood）数 Sh

$$Sh = \overline{m}\left(\frac{L}{D}\right) = 0.678\left(\frac{\nu}{D}\right)^{1/3}\left(\frac{\overline{u}L}{\nu}\right)^{1/2} \tag{2-45}$$

式中，$\overline{u}L/\nu$ 称为雷诺数（Reynolds）Re，ν/D 称为施密特数 Sc。

$$Re = \frac{\overline{u}L}{\nu} \tag{2-46}$$

$$Sc = \frac{\nu}{D} \tag{2-47}$$

应用（2-45）式时，L 要用反映电解槽形状的特征长度或等效直径 d_e 来代替。例如两块平行板电极，板长为 L，板宽为 b，极间距为是 s，当电解液沿板长方向流动时，Re 为

$$Re = \frac{d_e\overline{u}}{\nu} \tag{2-48}$$

$$d_e = \frac{2bs}{(b+s)}$$

按流体动力学规定，$Re<2000$ 时，液体滞流流动；$Re>2000$ 时，湍流流动。流动性质不同时，Sh 值的计算公式也不同。对于由平行板电极组成的电解槽

滞流： $$Sh = \overline{m}\left(\frac{d_e}{D}\right) = 2.54\left(\frac{Re \times Sc \times de}{L}\right)^{0.33} \tag{2-49}$$

湍流： $$Sh = \overline{m}\left(\frac{de}{D}\right) = 0.023Re^{0.8}Sc^{1/3} \tag{2-50}$$

下面举例说明单室平行板反应器最小电极面积的计算。

电极反应为

$$X+2e=Y$$

产物 Y 的分子量为110，电解液含大量支持电解质及 $100 \text{mol} \cdot \text{m}^{-3}$ 的 X，转化率为 45%。用平行板反应器，年（以 8000h 算）产 125t。阴极和阳极面积相同，宽度 b 为 0.5m，极间距 s 为 0.005m。假设极电流效率为 100%，试计算总电流和所需的最小阴极面积。已知溶液黏度 $\eta_{黏}$ 为 $1.52 \times 10^{-3} \text{kg} \cdot \text{m}^{-1} \cdot \text{s}^{-1}$，电解液的密度 ρ 为 $1050 \text{kg} \cdot \text{m}^{-3}$ 扩散系数 D 为 $6.2 \times 10^{-10} \text{m}^2 \cdot \text{s}^{-1}$。

解：每秒产生 Y 的摩尔数为 $125 \times 10^6/(110 \times 8000 \times 3600) = 0.0395 \text{mol} \cdot \text{s}^{-1}$，也就是每秒消耗 0.0395mol 的 X。由此算出电流

$$I = 2 \times 96494 \times 0.0395 = 7620\text{A}$$

由于转化率为 45%，所以反应物进出口浓度 $c_1 = 100 \text{mol} \cdot \text{m}^{-3}$，$c_2 = 55 \text{mol} \cdot \text{m}^{-3}$

电解液体积流速 N 由下式求出

$$N(c_1 - c_2) = I/zF$$

$$N = I/zF(c_1 - c_2) = 8.78 \times 10^{-4} \text{m}^3 \cdot \text{s}^{-1}$$

溶液平均线速度等于体积流速除以流动面积，即

$$\bar{u} = 8.78 \times 10^{-4}/(0.5 \times 0.005) = 0.351 \text{m} \cdot \text{s}^{-1}$$

等效直径

$$de = 2bs/(b+s) = 0.0099\text{m}$$

动力黏度

$$\nu = \eta_{黏}/\rho = 1.448 \times 10^{-6} \text{m}^2 \cdot \text{s}^{-1}$$

雷诺数

$$Re = \bar{u} de/\nu = 2400 > 2000 \text{（湍流）}$$

因此按(2-50)式计算传质系数

$$\bar{m} = 0.023 Re^{0.8} S^{1/3} c \frac{D}{de} = 9.67 \times 10^{-6} \text{m} \cdot \text{s}^{-1}$$

由(2-41)式算出最小阴极面积

$$A_{\min} = L_{\min} \times a = \frac{N}{m} \ln \frac{c_1}{c_2} = 54.3 m^2$$

平行板反应器也可由若干个反应器单元组成，如图 2-5 所示，电解液按箭头方向依次流过每个反应器单元。总的阴极面积为各单元阴极面积之和。上述例子算出的阴极面积相当大，实际上也要采用多室平行板反应器。

2.4.3 电解槽结构材料及电极材料的选择

电解过程中材料使用的最大问题是腐蚀，因此在选择电解槽结构材料及电极材料时，除考虑电解对象的要求外，还必须防腐蚀。

2.4.3.1 金属材料，碳材料和塑料

非合金钢（含碳量低于 2% 的铁碳合金）是最便宜易得的金属结构材料，其耐蚀性能较差，只用在不含 Cl^-、NO_3^-、SO_4^{2-} 和碳酸根离子的碱性溶液中。含 Cr 的合金钢在氧化环境中有良好的耐蚀性。含 Mo 的钢在酸性溶液中易于钝化，并能

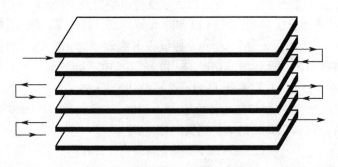

图 2-5 多室平行板电极反应器

防止 Cl^- 引起的孔蚀。不锈钢（含 $10\%\sim20\%$ 的 Cr 和 $1\%\sim15\%$ Ni 的铁合金）可作为弱碱性或中性电解液的阴极材料。在加压的水电解槽中，碱的浓度大，操作温度高，不宜用奥氏体钢，因为它会遭受应力腐蚀开裂，用被覆 Ni 的钢可解决这个问题。

镍和大多数合金在还原性环境中具有良好的稳定性，能在温度较高碱性溶液中或非氧化无机酸中钝化。但在含氨的溶液中会快速溶解，这是由于形成络合物的缘故。镍的价格较高，力学性能欠佳，因此常用作里衬或镀层覆盖在电解槽、容器或管道的内表面。

钛在氧化性介质中很稳定，在湿氯气中很耐蚀，可用于恶劣腐蚀的环境中。但在还原性介质中较不稳定，与干燥氯气发生剧烈反应。由于钛的价格贵，通常以薄膜形式衬敷在设备管道内。当用作电极或电极载体时，烧结的钛可代替整块钛板材。锆、铪、钽也能用于腐蚀性极强及高温气体的环境中，但因价格昂贵而较少使用。

铅常用于盛装硫酸溶液的容器中做里衬，在这种介质中形成的 $PbSO_4$ 沉积层覆盖在金属表面上起防蚀作用。但 $PbSO_4$ 在水溶液中仍有较大的溶解度，可能玷污金属提取物或毒化阴极上的催化剂。

金属材料虽然广泛用于电化学反应器中，但由于电场的作用，有些特殊问题是要考虑到的。靠近电解槽和镇流器，通过杂散电流，在金属结构中会发生中间导体效应，易引起阳极侧的金属溶解。因此除非使用完全绝缘保护层，一般不宜采用金属作电解槽的结构材料。

碳材料有玻璃碳、热解石墨和多晶石墨等，最常用的是多晶石墨，它是多孔材料。为了减少孔隙率，可在真空条件下让石墨吸收热沥青或树脂物，但经过这样处理后只能在 $100℃$ 以下使用，石墨在有机溶剂中很稳定，作为阳极比金属合适。在熔盐电解中可用石墨作电极或反应器的衬里。

塑料，如聚乙烯、聚丙烯和聚氯乙烯等的软化温度低于 $100℃$，且对酸碱和氧化还原剂的耐蚀能力不太理想，因此很少用作电解槽；但是可制作运输 $60℃$ 以下腐蚀溶液和电解气体的管道。玻璃纤维增强的聚酯材料可作电解液的储罐，为防止聚酯水解，可用聚氯乙烯做衬里。氟化聚合物，例如聚四氟乙烯具有较好的热稳定性和化学稳定性，但其蠕变性致使它不适宜用作刚性构件。塑料增强的石棉、填充 Sb_2O_3 的聚硫砜、聚苯撑硫化物的针织物都是具有前途的非选择性的隔膜材料。有选择性的隔膜是离子交换膜，可用聚合物材料制成。

表 2-2 列出一些工业电解质所选用的材料。

表 2-2　某些电解质选用的材料

电 解 质	浓度、温度	非金属材料(塑料)	金 属 材 料
H_2SO_4 水溶液	93%，25℃	PE，PP，PVC，PVDF	硅铸铁
H_2SO_4 水溶液	10%，60℃	PP，PVDF	$NiMo_3Fe$
H_2SO_4 水溶液	10%，100℃	PP	$NiMo_3Fe$
H_2SO_4 水溶液＋二氧六环	10%，40℃	PTFE	$NiMo_3Fe$
HNO_3 水溶液	20%，40℃		Ti、Zr、Hf、Ta
HNO_3 水溶液＋铬酸盐＋$Ce(SO_4)_2$	20%，40℃		Ti、Zr、Hf、Ta
$NiCl_2$＋NaCl 溶液	pH＝4，60℃	环氧树脂涂层	硅铸铁，Ti、Ta、，NiMoCr1615
氯水	饱和 20℃	PVC(含 GRP)，PVDF	Ti、Ta
铬酸水溶液	10%，60℃	PVC，PE，PP	CrNiMoCu1820
$MgCl_2$，熔盐	720℃	石墨，抗热陶瓷，石英	

注：PE：高密度聚乙烯；PP：聚丙烯；PVC：高密度聚氯乙烯；PVDF：聚偏氟乙烯；GRP：玻璃纤维再生塑料。

2.4.3.2　电极材料

电极材料必须具备优良的导电性、足够的电化学惰性、良好的机械稳定性、可加工性、耐电解介质和电解产物的腐蚀，此外还需考虑价格是否可以接受。在选择具体过程用的阴极和阳极时，首先要考虑不同电极材料的电化学性质，即在指定条件下的电极反应速度、目的反应的电流效率以及电极材料本身的耐腐蚀性能等。从生产来看，所用电极可分为三类：

① 性能长期稳定的电极，常用于简单氧化还原反应、电极表面作为反应中间产物吸附位置的电化学过程和电结晶过程等；

② 气体反应电极，一般具有多孔结构，用于氢、烃类和 CO 的电氧化或 CO_2 的电还原过程；

③ 在反应过程中电极材料不断消耗的电极，主要用于金属有机化合物的电化学制备，例如生产四烷基铅的铅阳极。

阳极有可溶性和不溶性两种。在金属精炼过程中，金属阳极溶解的电流效率高是重要的。在许多电解工业中，选择不溶性阳极是很重要的研究课题之一。

碳或石墨的导电性好，在许多化学环境下有良好的耐腐蚀性，并具有可实用的力学性能。直到覆盖了金属氧化物的钛阳极被开发之前，石墨是氯化物水溶液电解时使用的最好的阳极材料。在熔盐电解时，除特殊要求外，碳及石墨仍是唯一的阳极材料。

金属及合金种类很多，在力学性能、电性能、化学性能和加工性能方面都很好，由于具有这些作为实用材料的优良特性，所以广泛用于阳极材料。但是与一般结构材料不同，在电解质中阳极极化的条件下，阳极材料必须不发生活性溶解及不会钝化，并能圆满地进行阳极反应。

有些金属在电解质中阳极极化时，生成的表面氧化物具有很好的耐腐蚀性，从而阻止了其后阳极的进一步消耗，并且具有导电性，可作阳极使用。由金属及合金所构成的不溶性阳极几乎全是这种形式，硫酸盐溶液中的铅阳极就是其中一例。在铅电极表面生成 PbO_2，一方面保护了阳极极板，另一方面作为阳极工作。利用电解氧化制的 PbO_2，可直接作为阳极而工作。熔融铸造的 PbO_2 阳极，用于电解制造卤酸盐及有机电解等苛刻的条件下。将铁氧化物熔融铸造的磁性阳极，在氯化物水溶液中具有良好的耐蚀性，往往用来制造氯酸盐。

Perry 发明了被覆氧化钌的钛电极后，人们对氧化物阳极便有了新的认识，这种电极制法简单：将 $RuCl_3$ 与 $Ti(OBu)_4$ 的盐酸酸化的甲醇溶液涂于钛的表面，干燥后在 $500℃$ 左右短时间加热分解，使钌与钛的共晶氧化物致密地涂在钛基底上。这种不溶性金属阳极，常称为形稳阳极（DSA），它们的氯过电势低，并且耐腐蚀性优良。自发明 DSA 后几十年来，超过总产量半数的氯，都是用这种电极制造的。

金属材料作为阳极常常可以防腐蚀，即使在强腐蚀的环境中，除特殊场合外，不致引起腐蚀问题，所以与阳极相比，材料选择的自由度大。腐蚀问题在下述三种场合产生：电解槽停止运转时；即使在运转中，由于电流分布不均匀，有的地方未能完全阴极极化；容易形成氢化物的金属材料。

电解槽运转时，阴极被极化，不会被腐蚀。若运转停止，金属材料的电势慢慢达到稳定电势，如果此稳定电势处于材料活性溶解区内，就可使材料溶解。对于强腐蚀环境，必须考虑到运转停止时的防腐蚀措施。必要时应将阴极液抽出，就不致产生自发电池腐蚀。钛、锆、钽等具有优良的耐蚀性，但有形成氢化物而产生氢脆的特点，故也不宜推荐作为阴极材料。阴氢脆造成的材料破坏只与阴极电势、电流密度等有关，故在低电流密度条件下，可以酌情使用这种材料。要防止因电流分布而产生的腐蚀，必须改善结构及变更材料。

阴极材料的选择另一要点就是过电势特性。例如隔膜槽电解食盐水的阴极反应是水放电析出氢，降低氢过电势可使电能消耗下降，因此许多人研究开发具有较低氢过电势的阴极材料。与此相反，水银法电解食盐槽是以汞为阴极材料的；由于氢在汞上的过电势很高，除抑制氢析出外，还可能使钠离子放电。

在有机电解过程中，阴极还原往往是重要的，反应受阴极电势及阴极材料的影响十分明显。例如若用镍及铂一类氢过电势低的金属材料作为阴极，使硝基苯进行还原，就可能生成中间体；如果用铅及汞一类氢过电势高的材料作为阴极还原时，就生成苯胺。

表 2-3 列出一些电解工业常用的电极材料。

表 2-3　电解工业常用的电极材料

材　料	阳极	阴极	用　途
铅	+		H_2SO_4 溶液中的电解
	+	+	有机电合成
铁	+	+	水的电解,碱性溶液中有机电合成
		+	食盐水电解,ClO_3^-,ClO_4^- 和过氧酸盐生产,熔盐电解(Na,Li,Be,Ca)
石墨	+		食盐水电解,ClO_3^- 生产,有机合成,铝电解
	+	+	次氯酸盐生产,熔盐电解(Na,Li,Be,Ca)
镍	+		水的电解
	+	+	有机电合成,熔盐电解(Na),制取高锰酸盐和 Fe(Ⅲ)氰化物
铂	+	+	含氯化物溶液中的有机电合成
	+		ClO_3^-,ClO_4^-,过氧酸盐,次氯酸盐的生产
汞		+	食盐水电解,汞齐电解(Cd,Tl,Zn),有机电合成
Fe_3O_4	+		氯碱和氯酸盐生产
形稳阳极(钛和钌或其他贵金属的混合物阳极)	+		食盐水电解,次氯酸盐,ClO_3^- 生产,电冶炼和阴极保护
Ta 或 Ti/Pt	+		过硫酸盐生产,次氯酸生产,电渗析和阴极保护
Ti/Pt-Ir	+		ClO_3^- 和次氯酸盐生产
Ti/PbO$_2$	+		ClO_3^- 生产,酸性介质中的有机电合成

参 考 文 献

[1] 吴辉煌,许书楷. 电化学工程导论. 厦门:厦门大学出版社,1994.

[2] 邝鲁生,陈份儿,梁启勇. 应用电化学. 武汉:华中理工大学出版社,1994.

[3] 何卓立. 电化学工程基础. 天津:天津科学出版社,1993.

[4] 库特丽雅夫等著. 应用电化学. 陈国亮,柴丽华,祝大昌,郁祖湛译. 上海:复旦大学出版社,1992.

[5] 日根广文著. 电解槽工学. 安家驹,陈之川译. 北京:化学工业出版社,1985.

第**3**章 化 学 电 源

3.1 基础知识与基础理论

3.1.1 化学电源的组成

化学电源是通过电化学氧化还原反应将活性物质内贮存的化学能直接转换成电能的装置，由电极、电解质、隔膜、外壳组成。

电极：电极是电池的核心。一般电极都由三部分组成，一是参加成流反应的活性物质，二是为改善电极性能而加入的导电剂，三是少量的添加剂，如缓蚀剂等。

电解质：电解质在电池内部正负极之间担负传递电荷的作用，要求比电导高，溶液欧姆电压降小。

隔膜：隔膜的形状有薄膜、板材、棒材等，其作用是防止正负极活性物质直接接触，防止电池内部短路。

外壳：外壳是电池的容器。化学电源中，只有锌锰干电池是锌电极兼作外壳。外壳要求机械强度高、耐振动、耐冲击、耐腐蚀、耐温差的变化等。

3.1.2 化学电源的分类

化学电源按工作性质和贮存方式分作四类：

① 一次电池：该种电池又称原电池，原电池中电解质不流动，则称为干电池。如果电池反应本身不可逆或可逆反应很难进行，电池放电后不能充电再用。如

碱性锌-锰电池：$(-)Zn|KOH|MnO_2(c)(+)$，锌-汞电池：$(-)Zn|KOH|HgO(+)$

② 二次电池：习惯上又称蓄电池，即充放电能反复多次循环使用的一类电池。如

铅酸电池：$(-)Pb|H_2SO_4|PbO_2(+)$，锂离子电池。

③ 贮备电池：这种电池又称"激活电池"，电池的正、负极活性物质在贮存期不直接接触，使用前临时注入电解液或用其他方法使电池激活。如锌-银电池：

$(-)Zn|KOH|Ag_2O(+)$。

④ 燃料电池：该类电池又称"连续电池"，即将活性物质连续注入电池，使其连续放电的电池。如氢－氧燃料电池：$(-)H_2|KOH|O_2(+)$。

3.1.3 化学电源的工作原理

(1) 放电。图 3-1 简要表示出电池放电时的工作过程。假设负极为金属 Zn，正极为 Cl_2，其放电反应式为：

负极：阳极发生氧化反应，失去电子，$Zn \longrightarrow Zn^{2+} + 2e$

正极：阴极发生还原反应，得到电子，$Cl_2 + 2e \longrightarrow 2Cl^-$

放电总反应：$Zn + Cl_2 \longrightarrow Zn^{2+} + 2Cl^-$

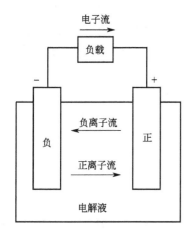

图 3-1 化学电源放电原理图

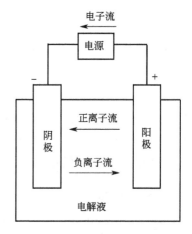

图 3-2 化学电源充电原理图

(2) 充电。可再充电化学电源再充电时，电流流向方向与放电时相反。正极发生氧化，负极发生还原，图 3-2 表示出这个过程。以 Zn/Cl_2 电池为例，充电反应式如下：

负极：阴极发生还原反应，得到电子，$Zn^{2+} + 2e \longrightarrow Zn$

正极：阳极发生氧化反应，失去电子，$2Cl^- \longrightarrow Cl_2 + 2e$

充电总反应：$Zn^{2+} + 2Cl^- \longrightarrow Zn + Cl_2$

3.1.4 电池电动势

电池电动势是电池断路时正负极之间的电势差。例如将铜片与锌片放到稀硫酸中或盐水中，如图 3-3 所示，可以测得电势差并获得工作电流。

电池电动势 E 可以表示为：$E = \varphi_{Cu/l_1} + \varphi_{l_1/l_2} + \varphi_{l_2/Zn} + \varphi_{Zn/Cu}$

3.1.5 可逆电极和可逆电池

(1) 可逆电极。当有相反方向的电流通过电极时，所进行的电极反应刚好相

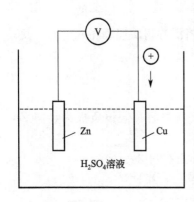

图 3-3　伏特电池工作示意图

反，这样的电极叫做可逆电极。例如 $Zn|Zn^{2+}$ 电极，放电时，发生 $Zn \longrightarrow Zn^{2+} + 2e$ 电极反应；充电时，发生 $Zn^{2+} + 2e \longrightarrow Zn$ 电极反应，两反应可逆，所以 $Zn|Zn^{2+}$ 电极为可逆电极。

当有相反方向的电流通过电极时，所进行的电极反应不是可逆的，这样的电极叫做不可逆电极。例如 $Zn|H_2SO_4$ 电极，放电时，发生 $Zn \longrightarrow Zn^{2+} + 2e$ 电极反应；充电时，发生 $2H^+ + 2e \longrightarrow H_2$ 电极反应，两反应不可逆，所以 $Zn|H_2SO_4$ 电极为不可逆电极。

(2) 可逆电池。可逆电池的一个必要条件是电池反应是可逆的，即该电池的反应可以按原电池反应进行，化学反应产生电能；也可以由外界提供电能使反应按电解的方式进行，获得化学物质。例如丹尼电池：

$$(-)Zn(s)|ZnSO_4(\alpha_1) \parallel CuSO_4(\alpha_2)|Cu(s)(+)$$

放电发生的电池反应：$Zn + Cu^{2+} \longrightarrow Zn^{2+} + Cu$

充电发生的电池反应：$Zn^{2+} + Cu \longrightarrow Zn + Cu^{2+}$

这两个电池反应是可逆的，所以丹尼电池是可逆电池。

3.1.6　浓差电池

电动势是由电池中存在浓度差而产生的电池称为浓差电池。浓差电池又分两类：电解质浓度不同形成的浓差电池，称为离子浓差电池；另一类是电极浓差电池，电极材料相同但其浓度不同。

(1) 离子浓差电池。这种浓差电池的两极的电极材料是一样的，只是电解质（即离子导体）的浓度不同。例如：

$$(-)Ag(s)|AgNO_3(\alpha_1) \parallel AgNO_3(\alpha_2)|Ag(s)(+)$$

阳极氧化：$Ag \rightarrow Ag^+(\alpha_1) + e$

阴极还原：$Ag^+(\alpha_2) + e \longrightarrow Ag$

总反应：$Ag^+(\alpha_2) \longrightarrow Ag^+(\alpha_1)$

总反应式表明由于电解质浓度的差别产生了扩散迁移现象，因而有时又称所产生的电位差为扩散电势。

(2) 电极浓差电池。电极浓差电池是指电极材料相同，而其中要研究的某一物质的浓度（严格地说，应是活度）不同。常见的电极浓差电池是汞齐电极。合金电极的原理也相同，以汞齐电池为例：

$$(-)Hg\text{-}Zn(\alpha_1)|Zn^{2+}(\alpha_{Zn^{2+}})|Zn(\alpha_2)\text{-}Hg(+)$$

负极：$Zn(\alpha_1) \longrightarrow Zn^{2+}(\alpha_{Zn^{2+}}) + 2e$

正极：$Zn^{2+}(\alpha_{Zn^{2+}}) + 2e \longrightarrow Zn(\alpha_2)$

电池总反应：$Zn(\alpha_1) \longrightarrow Zn(\alpha_2)$

3.1.7 电极过程

电能与化学能的重要转变装置是原电池与电解池。前者是通过化学反应获得电能，后者是通过电能制取化学物质。两者一般都包含下列电极反应步骤。

(1) 电极作用物质自溶液本体向电极表面迁移，即液相传质步骤；

(2) 在电极表面吸附，脱出溶剂壳，配合物解体等电极放电反应前的步骤，又称前置表面转化步骤，简称 CE 步骤；

(3) 在电极表面放电步骤，又称电化学步骤；

(4) 放电后在电极附近的表面转化步骤，又称随后转化步骤，简称 EC 步骤；

(5) 产物生成新相，例如生成气泡离开电极或形成固态结晶的步骤，也包括形成汞齐类型产物时向溶体内的扩散步骤。

3.2 锌锰电池

锌锰电池以二氧化锰为正极，锌为负极，氯化铵水溶液为主电解液的原电池。在学术界中又称为勒克朗谢电池。用面粉、淀粉等使电解液成为凝胶，不流动，形成隔离层，或用棉、纸等加以分隔。锌锰电池的开始电压随使用的 MnO_2 的种类、电解液的组成和 pH 值等的不同而异，一般在 $1.55 \sim 1.75V$，公称电压为 $1.5V$。最适宜的使用温度为 $15 \sim 30℃$。在 $-20℃$ 以下的低温条件下，普通锌锰电池不能工作。

锌锰电池用途十分广泛，可作为电话机、信号装置、仪器仪表等所需的直流电源，以及照明、收音机、录放音机、电动玩具、计算器、助听器、照相机等日常用电器具的电源。

锌锰电池有多种分类方法。

(1) 按组合方式分：有单体电池、组合电池和复式电池 3 类。单体电池按形状又可分为圆筒形、方形和扁平形 3 种。根据不同的使用要求，由若干只相同型号的单体电池通过串联或并联组合在一起的称为组合电池。如层叠电池就是一种扁平形单体电池串联组成的组合电池。由两种不同型号的单体电池组合而成的，称为复式电池。各国对于锌锰电池型号的表示方法不尽相同，其中使用比较普遍的是国际电工委员会第 35 技术委员会（IEC/TC35）所规定的表示方法。中国采用此法。其要点是：用字母"R"、"S"和"F"分别表示圆筒形、方形和扁平型单体电池；字母后面的阿拉伯数字表示电池的型号，每一型号代表了规定的外形尺寸；组合电池以字母前所置的数字表示串联电池的个数，并联电池的个数置于单体电池型号之后，并用短线分开。如：S4、6F22、3R20-4。复式电池的型号，一般用其所包含的组合电池来表示。

(2) 按结构分：采用面粉、淀粉和电解液形成的凝胶作为正负极间的隔离层的，称为糊式电池；采用浆层纸为隔离层的称为纸板电池；采用高分子薄膜材料为隔离层的称为薄膜电池。

(3) 按电解液的成分分：电解液以氯化铵为主体的称为氯化铵型（或铵型）电池；以高浓度氯化锌为主体的称为氯化锌型（或锌型）电池。

(4) 按电池的放电性能分：有普通品（S）、高电荷量（C）和高功率（P）3种类型。分别置于电池型号的后面，以示区别。如 R6P 表示 R6 高功率电池。锌-锰电池按电解液性质，可分为中性、微酸性和碱性两大类。如按外形，中性锌-锰电池可分为筒式、迭层式、薄形（纸）三种；碱性锌-锰电池有筒式、扣式、扁平式几种。

锌锰电池的电化学反应可简单地表示为：

正极：$MnO_2 + H^+ + e \longrightarrow MnOOH$

负极：$Zn + 2NH_4Cl \longrightarrow Zn(NH_3)_2Cl_2 \downarrow + 2H^+ + 2e$

总反应式：$Zn + 2MnO_2 + 2NH_4Cl \longrightarrow 2MnOOH + Zn(NH_3)_2Cl_2 \downarrow$

由反应式可以看出，正极二氧化锰放电时发生还原反应，使溶液中的 H^+ 浓度减少，所以电解液的 pH 值增高，碱性增大，使二氧化锰电极电势向负的方向移动。负极锌放电时，发生氧化反应，锌电极的浓差极化使锌电极电势向正的方向移动。因此放电时，电池电压下降。电化学体系的表示式为：

$$\ominus Zn \,|\, NH_4Cl + ZnCl_2 \,|\, MnO_2 + C \oplus$$

锌锰电池的原材料有以下几种：

① 二氧化锰：俗称锰粉。是正极的活性物质，直接参加电化学反应，是决定电池电荷量的主要材料。根据其制备方法可以分为天然二氧化锰、化学二氧化锰和电解二氧化锰。其中电解二氧化锰的电化学活性最高，化学二氧化锰次之。

② 石墨：正极原料之一。有显晶型（俗称鳞片状）和隐晶型（俗称土状）两种。石墨不参加电化学反应，有良好的导电性，吸附性和黏着性，掺入电芯中可以提高电芯的导电性。

③ 锌：负极活性物质，兼作电池的容器和负极引电体，是决定电池贮存性能的主要材料。在锌片中含有少量的镉和铅。镉能增强锌的强度，铅能改进锌的延展加工性能。镉与铅均能提高氢在锌电极上的过电势，减少锌电极的自放电，减缓锌片的腐蚀和氢气的释放。锌片中若含有 Cu、Fe、Ni 等，将降低 H_2 在锌电极上析出的过电势，加速电池在贮存过程中的自放电，因此这些有害杂质必须严格控制。

④ 氯化铵：是锌锰电池电解液的主要成分。其作用是：补充放电过程中由于正极反应减少的 H^+；在正极中也加入一定量的固体氯化铵，以补充放电时电解液中氯化铵的减少；增强电解液的导电性。

⑤ 氯化锌：用于电解液中。主要作用有：减缓锌片腐蚀，保持电解液中的水分，破坏淀粉的链状结构，加快电解液的糊化速度，减少正极电芯在放电过程中 pH 值的提高。

⑥ 面粉、淀粉：主要作用是使电解液糊化后成为不流动的隔离层，使它既有良好的离子导电性，又能固定电芯，便于携带使用；对锌片有保护作用，可减缓锌片的腐蚀。面粉比淀粉黏性好，粘附力强，保持水分性能好，不易沉淀。所以在配制电解液时，淀粉、面粉互相搭配使用。

3.3 蓄电池

3.3.1 铅酸蓄电池

3.3.1.1 铅酸蓄电池的分类、结构和工作原理

铅酸蓄电池称铅蓄电池。1859 年 Plante 发明铅蓄电池至今已有 100 多年，这是一种质量稳定的电池，而且价格低，故在工业上、民用上用量最大。现在在改进铅蓄电池，以便用作电动汽车的电源和用作贮存电力的电源；另一方面向小型化、高性能、高可靠性方向发展，并要求使用方便，保养简便。

铅蓄电池按用途分为：

① 启动用蓄电池，用于汽车、拖拉机、内燃机的启动、照明、点火；

② 固定型蓄电池，用于通信设备电源、发电厂和变电所开关以及计算机等不停电备用电源；

③ 牵引用蓄电池，用于车辆驱动电源，如火车站运输用的电瓶车和工矿电机车动力电源；

④ 摩托车用蓄电池；

⑤ 船舶用蓄电池；

⑥ 航空用蓄电池；

⑦ 坦克用蓄电池；

⑧ 铁路客车用蓄电池；

⑨ 航标用蓄电池；

⑩ 矿灯用蓄电池等。

按极板结构分类：

① 涂膏式，正、负极板都用铅合金板栅，涂上铅膏后，经干燥、化成而制成；

② 管式，在正极板的导电骨架上套以编织的纤维管，管中放入活性物质；负极则用普通涂膏式的极板；

③ 形成式，正极用纯铅制成，其活性物质是靠铅本身化成而得的薄层；负极则用涂膏式的极板；

④ 半形成式，用纯铅铸成紧密的小方格的正极板栅，再涂以铅膏；负极板则用涂膏式的极板。

按电解液和充电维护情况分类：

① 干放电蓄电池，极板处于干燥放电状态，注入电解液并进行初充电才能使用；

② 干荷电蓄电池，极板处于干燥充电状态，注入电解液放置短时间便可使用；

③ 带液蓄电池，即可使用；

④ 免维护蓄电池，正常使用过程不用维护加水；

⑤ 少维护蓄电池，在正常运行条件下，只需较长时间加水一次便可；

⑥ 湿荷电蓄电池，充好电后倒出大部分电解液，在一定贮存期间内注入电解液便可使用。

常用铅蓄电池的结构如图 3-4 所示，主要由正极板组、负极板组、电解液和容器等组成。正、负极板由板栅和活性物质构成。板栅除起支持活性物质外，还起导电作用。板栅一般使用铅锑合金，有时也用纯铅或铅钙合金。

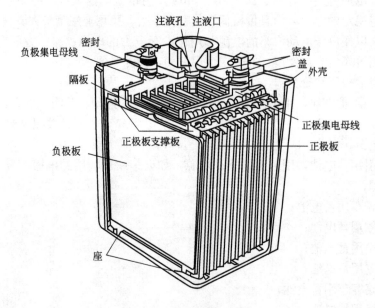

图 3-4　铅酸蓄电池的结构

对于涂膏式电池，用稀硫酸把铅粉和氧化铅粉调成糊状，将所得涂膏涂到板栅上，干燥后放入与电解液相同的溶液中通电，使极板上的铅膏变成电极活性物质，这就是化成。阴极还原为海绵铅，制成负极；阳极氧化为二氧化铅，制成正极。负极常加入膨胀剂，如硫酸钡、腐植酸、木质素磺酸盐，防止负极活性物质在循环过程中表面收缩，改善循环周期，提高输出功率。另外还要加入缓蚀剂，如 α-羟基-β-萘甲酸。为减少正极板栅的腐蚀，常用变晶剂如银、砷、碲、锡、硫。

根据电池的用途不同，采用 20℃时密度为 $1.200 \sim 1.280 kg \cdot L^{-1}$ 硫酸，高温地区以用中等密度为好。

避免正、负极短路的隔板的材料是具有化学稳定性、电阻小的电子导电绝缘材料，塑料（聚苯乙烯、聚氯乙烯、聚丙烯、聚乙烯）微孔板、微孔硬橡胶板、玻璃丝隔板都适用。用耐硫酸腐蚀、具有适合强度的材料，如塑料，硬橡胶来作铅蓄电池的容器。

铅蓄电池在充电状态时，负极为海绵铅，正极为二氧化铅；放电是正、负极都是硫酸铅。目前公认的成流反应为双硫酸化理论，反应式如下：

（一）　　　　　　　　$Pb + H_2SO_4 \longrightarrow PbSO_4 + 2H^+ + 2e$

（+）　　　　$PbO_2 + H_2SO_4 + 2H^+ + 2e \longrightarrow PbSO_4 + 2H_2O$

总反应式：　　　$PbO_2 + 2H_2SO_4 + Pb \longrightarrow 2PbSO_4 + 2H_2O$

其正确性从如下三方面得到证实：

① 用化学分析等方法确认正极活性物质的组成为 PbO_2，负极活性物质的组成为铅；

② 当通过 2F 电量时，测量 H_2SO_4 浓度的变化，相当于消耗了 2mol 的 H_2O，这与电池反映是一致的；

③ 热力学数据计算电池的电动势，与测量值一致。

从热力学可以分析铅酸蓄电池自放电的原因：$Pb + HSO_4^- \Longrightarrow PbSO_4 + H^+ + 2e$ 和反应 $2H^+ + 2e \Longrightarrow H_2$ 这对共轭反应导致负极自放电，反应 $2H_2O \Longrightarrow 4H^+ + O_2 + 4e$ 和反应 $PbO_2 + HSO_4^- + 3H^+ + 2e \Longrightarrow PbSO_4 + 2H_2O$ 这对共轭反应引起正极自放电。

3.3.1.2　铅酸蓄电池的性能

(1) 开路电压：电池的电动势为 2.045V，所以规定其额定电压为 2.0V。电池的开路电压与电解液密度的关系可用下式计算：

$$开路电压 = 1.850 + 0.917(\rho_液 - \rho_水) 或$$

$$开路电压 = \rho_液 + 0.84$$

式中，$\rho_液$ 为电解液的密度，$\rho_水$ 为水的密度。

(2) 放电特性：充电后的电池，若以恒定电流进行放电，则电池的电压变化如图 3-5 所示。电压下降到 1.8V 左右（M 点），放电便告终。若继续放电，则电压急剧下降（MN）。在 M 点停止放电，电压将迅速回升到 2V 左右（MP）。M 点的电压称为电池的终了电压。此时必须停止放电，以免继续放电使极板硫酸化或反极，影响电池的使用寿命。电压的降低与放电率有关，放电率高（即大电流放电），电压降低快。

(3) 充电特性：以各种小时率恒流充电时，电压-时间曲线如图 3-6 所示。

接近充电结束时电压上升，并趋稳定，电压维持在 2.7V 左右（10 小时率），此时便算充电完毕。充电末期的终了电压和充电电流有关，充电电流较低时，终了电压也略微减少些。常用的充电率是 10 小时率，即充电要 10h 才能达到充电终期。

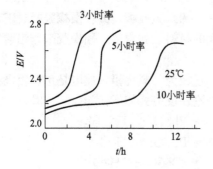

图 3-5　铅蓄电池的放电曲线　　　　图 3-6　铅蓄电池的充电特性

(4) 容量：铅蓄电池的容量是温度和放电电流的函数。在标准中明确规定放电的小时率和温度。起动型铅蓄电池一般用 20 小时率容量，固定型常用 10 小时率容量，动力牵引用蓄电池多用 5 小时率容量。蓄电池容量与温度的关系为

$$C = \frac{C_T}{1 + K(T - T_标)}$$

式中，C 是换算为标准温度的容量，C_T 是在初始温度为 $T℃$ 时的实测容量，$T_标$ 是标准中规定的标准温度，T 是放电时的初始温度，K 是容量的温度系数。启动型的 $T_标$ 为 25℃，K 为 0.01℃$^{-1}$；动力牵引型为 30℃，0.006℃$^{-1}$。

(5) 效率与寿命：蓄电池的容量效率为（输出容量/输入容量）×100%，又称安时效率，这是较常用的。电能效率为（输出电能/输入电能）×100%，又称瓦时效率。

蓄电池经过多次反复充放电后，由于活性物质的脱落和收缩，使极板微孔减少，容量降低，电池寿命逐渐缩短。在一般情况下，电池容量降低到额定值的 70%～80% 后便不能再使用了。蓄电池寿命与制造质量有关，也受使用和维护方法的影响。同一额定容量的蓄电池，如经常采用大电流放电，则到后期实际容量低于小电流放电的容量。铅蓄电池的循环寿命为 200～400 次，使用期限为 3～10 年。

(6) 自放电：铅蓄电池无论工作与否，其内部都有自放电现象，白白消耗电能。自放电的原因除上面提到的外，还因电池内部存在杂质。

3.3.1.3　密封式铅酸电池

从 20 世纪 70 年代末开始，国际上兴起了全密闭铅蓄电池，分为气密型和全密

型。这种电池具有免维护、不污染和价廉的优点，可与碱性电池和干电池相比。全密型铅电池除气密外，还要电解液不流动，电池在任何方位工作都不漏液。使电池达到气密有以下三个途径。

(1) 气相催化法：把装有钯催化剂的催化栓装在蓄电池的盖上，使电极上析出的氢、氧气再化合为水，并回到蓄电池内部，从而减少水的损失，达到免维护。

(2) 辅助电极式：在电池中装有一对吸收氢气、氧气的辅助电极或只装有一个氢气的辅助电极。当蓄电池产生的氢气被吸附到氢辅助电极就构成一个氢电极，与 PbO_2 形成一个自行放电的小电池，发生反应 $2H_2 + PbO_2 + H_2SO_4 \xrightarrow{\quad\quad} PbSO_4 + 2H_2O$，水又回到电池中。

(3) 阴极吸收式：使正极在充电时产生的氧气，通过隔膜扩散到负极，与活性物质铅反应，形成 PbO_2，进而与 H_2SO_4 反应生成 $PbSO_4$ 和 H_2O。

阴极吸收式的蓄电池采用适当的隔膜使电池限液或贫液，或用胶体电解液（用 SiO_2 细粉与一定量 H_2SO_4 形成的二氧化硅凝胶）时，可使电解液固定，又无气体逸出，达到全密封的要求。但考虑到电池的自放电，以及充电后期存在氢析出的可能性，故电池装有安全阀。当电池内气压增到某一值时，气体排出，因此也称为阀控式密闭铅蓄电池。

3.3.2 镉镍电池

镉镍电池的特点：可进行高效放电；低温特性好；循环寿命长；即使完全放电，性能也不怎么下降；易于维护；易于密闭化。缺点主要是电压较低。镉镍电池已广泛用于国防、航天、工业与民用。镉镍电池的组成为：

$$Cd \mid KOH \mid NiOOH$$

负极反应 $\qquad\qquad Cd + 2OH^- \underset{充电}{\overset{放电}{\rightleftharpoons}} Cd(OH)_2 + 2e$

正极反应 $\qquad 2NiOOH + 2H_2O + 2e \underset{充电}{\overset{放电}{\rightleftharpoons}} 2Ni(OH)_2 + 2OH^-$

电池反应 $\qquad Cd + 2NiOOH + 2H_2O \underset{充电}{\overset{放电}{\rightleftharpoons}} Cd(OH)_2 + 2Ni(OH)_2$

从电池反应可知，OH^- 并不消耗，故电解液变化不大。活性物质在充电时，负极是金属镉，正极是半导体 $NiOOH$，都能导电。但放电后的负极产物 $Cd(OH)_2$ 和正极产物 $Ni(OH)_2$ 都是绝缘体，导电性极差。因此如不混以导电性物质来增加导电性，电池就不能正常工作。

镉镍电池的 E 为 $1.299V$（$25℃$），开路电压为 $1.35 \sim 1.40V$，工作电压为 $1.25V$ 左右，放电电压平稳。在常温下循环次数可达 $1000 \sim 2000$ 次。

镉镍电池的电极形式有袋式、管式、烧结式。配成电池有敞开式和密封式两种，前者主要是大型高容量电池，后者则多用于携带式仪器。烧结式密封镉镍电池已被广泛使用。在 $20 \sim 30$ 目镍网或镀镍多孔板的两面涂以羰基镍粉浆料，在 $900℃$ 左右烧结成厚度不超过 $1mm$、孔隙度约为 80% 的多孔层，在小孔中填入镉为负极，填入 $NiOOH$ 为正极。用聚氯乙烯微孔板或尼龙纤维等无纺布作隔膜。电解液为添加 $15\sim50g\cdot L^{-1}$ $LiOH$ 的 KOH（20℃时相对密度为1.20～1.25）。电池的密封措施：

① 负极容量大于正极容量；

② 电解质用量小于电极和隔膜可吸收的电解质量；

③ 采用透气隔膜。

如此可防止电池产生气体而引起的气胀。

近年已使用发泡镍电极骨架的镉镍电池，与烧结式电池相比，其容量提高40%，并可快速充电，节约金属镍的用量。

3.3.3 金属氢化物镍电池

以氢为活性物质的二次电池中，具有代表性的是氢镍电池和金属氢化物镍电池（MH/Ni），后者是在镉镍电池的基础上发展起来的。20世纪70年代中期美国研究成功了 MH/Ni 电池，引起世界各国的重视。能用作负极的贮氢合金有 AB（Ti-Ni）、AB_2（$ZrCr_2$）、AB_5（$LaNi_5$、$MmNi_5$［Mm 为混合稀土]）和 A_2B（Mg_2Ni）等类型，已用于生产的是稀土系和钛系。虽然稀土系的理论容量高于钛系，但有人认为稀土系既要掺杂大量价格贵的钴，又要进行碱蚀、表面微封等后处理。这些后处理不仅价格较贵，并且可能导致稀土合金粉的损失和容量降低。Mg_2Ni 具有很高的贮氢容量（3.6wt%）、资源丰富、重量轻和价格低，最近研究表明 Mg_2（$Ni_{0.9}$ $Cu_{0.1}$）是有潜力的 MH/Ni 负极材料。

金属氢化物镍电池的符号为：$MH\mid KOH\mid NiOOH$

若以 $LaNi_5$ 为负极时，电池反应为

负极反应 $\qquad LaNi_5H_6+6OH^-\mathop{=\!=\!=}LaNi_5+6H_2O+6e$

正极反应 $\quad 6NiOOH+6H_2O+6e\mathop{=\!=\!=}6Ni(OH)_2+6OH^-$

电池反应 $\qquad LaNi_5H_6+6NiOOH\mathop{=\!=\!=}LaNi_5+6Ni(OH)_2$

与镉镍电池相比，MH/Ni 电池具有比能量和比功率高、充电和放电速率高、充放电性能好、耐过充放电性能好、使用寿命长、公害小、安全性好。钛系、稀土系 MH/Ni 与镉镍电池的性能列于表 3-1。美国奥文尼克公司采用钛系氢化物，日本松下和三洋公司采用稀土系氢化物。

表 3-1 金属氢化物镍电池的性能

生产厂家	奥文尼克(Ovonic)			日本松下	三洋	镉镍
	R6	R16	方形大电池	R6	R6	R6
标称电压/V	1.2	1.2	1.2	1.2	1.2	1.2
电容量/Ah	1.5	5	50～250	1.1	1.1	0.45
重量比能量/$Wh\cdot kg^{-1}$	70	80	70～80	50	50	45
体积比能量/$Wh\cdot L^{-1}$	240	245	210～220	180	180	120
循环寿命/次	1000	1400	8500	1000	1000	500
（放电深度/%）	(100%)	(100%)	(30%)	(100%)	(100%)	(100%)
自放电/%(30 天,20℃)	<20%	<20%	<7%	<30%	<30%	

MH/Ni 电池采用由镉镍电池一样的镍正极、隔板以及碱性电解液，而负极则用贮氢合金制成。不同类型贮氢合金的制作方法是不同的。对于稀土系贮氢合金，用钴取代在 $LaNi_5$ 或 $MmNi_5$（Mm：混合稀土）中的一半镍，并且添加少量的铝或硅，明显改善了合金的使用寿命。钴的作用是在充电过程中降低了体积膨胀，并使合金变得比较坚韧。铝或硅的作用是形成比较紧密的表面氧化物膜，防止合金内部进一步氧化。这种合金在氮气氛下破碎成粉末（70μm 左右），还需要化学镀铜（表面微封）降低微粉化作用，提高使用寿命。对于钛系贮氢合金，已从第一代的 Ti-Ni 发展到第四代的 Zr-V-Ti-Ni-Cr 合金。加入钒提高材料的稳定性，但钒在 KOH 液中被腐蚀，添加铬明显减少钒的腐蚀；加入锆延长使用寿命。用钛、锆、钒、铬等进行熔炼、氢化/去氧化处理得到合金，把合金破碎为粉末压制在镍网中，然后烧结，便可做电极。

镍的氢氧化物是各种镍基碱性蓄电池的正极材料，研制优质镍的氢氧化物可提高电池的性能。最新的研究结果表明，在 α 型氢氧化镍中电化学嵌入铝所得的电极性能稳定，放电容量达到 450mAh·g^{-1}，明显高于 β 型氢氧化镍电极（200mAh·g^{-1}）。

MH/Ni 电池可做成：

① 小型便携式电池（容量少于 30 安时），用于通信（如无线电台）、娱乐（如录像机）、轻便工具（如电钻）、仪器、武器、玩具；

② 大型工业用电池，用于航空（如导航系统）、工业（如应急电源）、军舰（如雷达）、铁道（如空调）；

③ 电动车辆电池。随着各种便携式器具日益广泛和电动车辆时代的到来，以及全球性环境保护，MH/Ni 电池的应用前景将是很宽广的。

3.4 锂电池和锂离子电池

3.4.1 锂电池

锂是高能电池理想的负极活性物质，因它具有最负的标准电极电势和相当低的电化当量。锂电池的研制始于 20 世纪 60 年代，是一类重要的化学电源，主要应用于宇航、国防、民用以及科技领域，如心脏起搏器、电子手表、计算器、录音机、飞机、导弹点火系统、鱼雷等。锂十分活泼，不能用水作溶剂。用有机溶剂或非水无机溶剂电解液制成锂非水电池，用熔融盐制成锂熔融盐电池，用固体电解质制成锂固体电解质电池。常用的有机溶剂有乙腈、二甲基甲酰胺、碳酸丙烯酯、γ-丁内酯等，$LiClO_4$、$LiAlCl_4$、$LiBF_4$、LiBr、$LiAsF_6$ 等可做支持电解质。非水无机溶剂有 $SOCl_2$（硫酰氯），SO_2Cl_2（亚硫酰氯），$POCl_3$（磷酰氯）等，它们可兼作正极活性物质。

用氟、氯为正极活性物质，理论比能量很高，例如 Li/F_2 为 6250Wh·kg^{-1} 以上，但氯和氟是有毒和侵蚀性强的气体，故难于应用。硫作为正极活性物质，理论比能量也较高，但其活性低。因此，目前研制的锂电池主要采用固体氟化物、氯化物、硫化物、氧化物和 SO_2 溶液。固体正极锂电池的理论比能量大多数在 $500Wh \cdot kg^{-1}$ 以上，例如 $Li/(CF_x)_n$ 为 $2260Wh \cdot kg^{-1}$。

与传统的电池相比，锂电池具有电压高、比能量高、比功率大、放电电压平稳、贮存寿命长、工作温度范围宽等特点。表 3-2 是一些锂电池与其他电池的性能比较。锂电池在制作过程中要避免接触水，所用的有机电解液成本较高，而且还存在不少问题。主要问题之一是安全性，某些锂非水溶液电池在重负荷条件下放电，可能发生爆炸。此外，有机电解质溶液的电导率低、电池的使用电流密度较低、比功率较低，这些都是需要解决的。

表 3-2   D 型锂电池与其他电池的性能比较

电池	比能量 /Wh·kg^{-1}	比功率 /W·kg^{-1}	开路电压 /V	工作温度 /℃	贮存寿命 /年(20℃)
Li/SO$_2$	330	110	2.9	$-40\sim+70$	$5\sim10$
Li/SOCl$_2$	550	550	3.7	$-60\sim+75$	$5\sim10$
Zn/MnO$_2$	66	55	1.5	$-10\sim+55$	1
Zn/MnO$_2$(碱性)	77	66	1.5	$-30\sim+70$	2
Zn/HgO	99	11	1.35	$-30\sim+70$	>2

各种锂电池的负极大致相同，把锂片压在焊有导电引线的镍网或其他金属网上。正极活性物质很多，如 SO_2，$SOCl_2$，SO_2Cl_2，V_2O_5，CrO_3，Ag_2CrO_4，MnO_2，$(CF_x)_n$，CuS，FeS_2，FeS，CuO，$BiPb_2O_3$，Bi_2O_3，有粉末式和涂膏式，高倍率放电的锂电池常用涂膏式。低倍率放电的锂电池一般制成扣式（图 3-8）。在圆筒型锂电池中，正、负极及其间的隔膜卷成螺旋体，有很大的表面积，适用于高倍率放电。

锂电池通常有如下几类。

（1）锂有机电解质电池：Li/MnO_2 电池常用 $LiClO_4$ – 碳酸丙烯酯（PC)-乙二醇二甲醚做电解液，其开路电压为 3.5V，工作电压为 2.9V；比能量可达 $250Wh \cdot kg^{-1}$ 及 $500Wh \cdot L^{-1}$。Li/SO_2 电池的电解液为含溴化锂的 PC-乙腈溶液，放电电压平稳，体积比能量高达 $520Wh \cdot L^{-1}$，比功率高，低温性能好，贮存寿命长，但安全性较差。$Li/(CF_x)_n$ 电池的电解液是含 $LiBF_4$ 的 γ-丁内酯溶液，其开路电压为 3.1V，实际比能量较高，聚氟化碳 $(CF_x)_n$ 化学稳定和热稳定，但成本较高。

（2）锂无机电解质电池：用无机溶剂 $SOCl_2$，SO_2Cl_2，$POCl_3$ 兼作正极活性物质。$Li/SOCl_2$ 电池的性能比 $Li/POCl_3$ 优越，比有机电解质电池中综合性能最好的 Li/SO_2 还要好。放电曲线十分平坦，其比功率相当高（见图 3-7）。

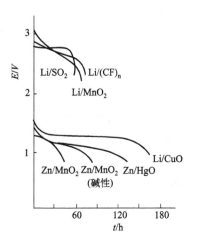

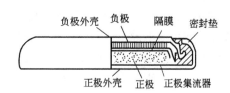

图 3-7　锂电池的放电曲线
　　AA 型，20mA 放电

图 3-8　扣式锂电池的结构

(3) 常温锂蓄电池：研究较广泛的是有机电解质锂蓄电池，其正极材料采用过渡族金属硫化物，例如 CuS，FeS，MnS，Ag_2S，TiS_2，VS_2，MoS_2，VSe_2，$NbSe_2$，$TiSe_2$。过渡族金属二硫化物是层状结构，电池进行嵌入反应。放电时 Li^+ 进入夹层，嵌入正极物质的晶格中。例如 Li/TiS_2（电解液可用 $1mol \cdot L^{-1} LiAsF_6$-$2MeTHF$）蓄电池，其开路电压为 2.47V、理论比能量达 481 $Wh \cdot kg^{-1}$。AA 型 Li/TiS_2 在 200mA 放电时，平均工作电压是 2.2V；在大于 80% 深度充放电下循环寿命可达 200 次。

(4) 熔盐锂电池：这是有前途的高能电池，其电解质为 $LiCl$-KCl 共晶混合物，450℃ 时电导率为 1.57$S \cdot cm^{-1}$，比有机电解液高 2～3 个数量级。负极材料为 Li，Li-Al，Li-B，Li-Si 等，合金化可降低锂的腐蚀性。Li-Al 最稳定，Li-B，Li-Si 可提高容量。正极材料是过渡金属硫化物，例如 FeS，FeS_2，TiS_2。Li/FeS，Li/FeS_2 电池的性能列于表 3-3。

表 3-3　$LiAl/FeS$，Li_4Si/FeS_2 电池的性能

电　　池	LiAl/FeS	Li_4Si/FeS_2
电池反应	$2LiAl + FeS \Longrightarrow Li_2S + Fe + 2Al$	$Li_4Si + FeS_2 \Longrightarrow 2Li_2S + Si + Fe$
电压/V	1.33	1.8
理论比能量/$Wh \cdot kg^{-1}$	458	944
比能量/$Wh \cdot kg^{-1}$	90	180
比功率/$W \cdot kg^{-1}$	100	100
寿命/h	5000	15000

城市小汽车、载货车和公共汽车需要 50～180$Wh \cdot kg^{-1}$ 的能源，而私人小汽

车还要更高的比功率，以提供适当的加速度和爬山能力。从表 3-3 数据看来，熔盐锂电池有较高的比能量、比功率，可望作为电动车辆的电源。

3.4.2 锂离子电池

锂离子电池由日本索尼公司于 1990 年最先开发成功，它是把锂离子嵌入碳中形成负极，取代传统锂电池的金属锂或锂合金负极。负极材料碳是石油焦炭和石墨。正极材料常用 Li_xCoO_2，也用 Li_xNiO_2 和 $Li_xMn_2O_4$，电解液常用 $LiPF_6$＋EC（二乙烯碳酸酯）＋DMC（二甲基碳酸酯）。锂离子电池分为非再充和再充电池，前者可做超薄电池（厚约 0.2mm），后者多为筒式电池。负极材料石油焦炭和石墨胜在无毒和资源充足。锂离子嵌入碳中，克服金属锂的高活性，解决了传统锂电池的安全问题。正极 Li_xCoO_2 胜在充放电性能和寿命均能达到较高的水平，弥补了成本高的缺点。锂离子二次电池充放电时的反应式为：

$$LiMO_2 + nC \underset{放电}{\overset{充电}{\rightleftharpoons}} Li_{1-x}MO_2 + Li_xC_n$$

锂离子电池的综合性能好。例如索尼锂离子电池 us-61 与 R20 型镉镍电池比较（见表 3-4），us-61 的工作电压是 Cd/Ni 的 3 倍，比能量为 Cd/Ni 的 3～4 倍，循环寿命是 Cd/Ni 的 1.5 倍，自放电低于 Cd/Ni。与 MH/Ni 电池相比，锂离子电池也占优势。为了避免过充电可能析出金属锂引起的安全问题，必须采取保护措施。电池应用的优越性是电压高，能量密度高，可制成体积很小和重量很轻的电池，用于便携式或微型电器上。现已有电动车（EV）和混合型电动车（HEV）用锂离子电池的研究报道，预计在 21 世纪，锂离子电池将会占有很大的市场。

表 3-4 锂离子电池与镍镉电池的比较

电池参数	us-61	Cd/Ni	电池参数		us-61	Cd/Ni
重量/g	122	166	自放电/%·月$^{-1}$	（一月）	12	25
体积/cm^3	55.4	55.4		（二月）	21	40
工作电压/V	3.6	1.2		（三月）	30	60
比能量/Wh·kg^{-1}	115	30	电容量/A·h		14	4.8
/Wh·L^{-1}	253	87	使用温度/℃	（充电）	0～45	0～45
循环寿命(100% DOD)/次	1200	800		（放电）	-20～60	-20～61

非水电解质有待改善的问题之一是电导率低。此外，为解决电子微型化的紧迫需要，必须发展实用固态聚合物电解质。美国贝尔柯公司选用偏氟乙烯基氟与六氟丙烯共聚物（PVDF-HEP）作聚合物基质，成功制作了塑料二次电池。以 $LiMn_2O_4$ 为正极，石油焦为负极，EC-DMC-1mol·L^{-1} LiPF$_6$ 为电解质，电池的循环寿命 2000 次以上（25℃），比能量为 110Wh·kg^{-1}、280Wh·L^{-1}；但高温下自放电严重，有待今后解决。

近年来提出一类新负极材料用以发展下一代锂离子电池，这就是用晶态或非晶态金属氧化物取代碳质负极，研究最多的是锡的氧化物。这些氧化物通过锂合金的形成和分解反应，提供相当高的比容量（710mAh·g^{-1}），约两倍于碳质电极上锂嵌入和脱嵌反应提供的比容量。最近报道，采用模板法制备纳米结构的 SnO_2-基阳板，比容量相当高（例如在 8℃时，>700mAh·g^{-1}），并且仍保持充放循环 800次。用氧化锡负极、$LiMO_2$（M＝Co，Ni，Mn，Fe）正极和 $LiClO_4$-EC-DMC-PAN(聚丙烯腈) 凝胶制作了聚合物电解质电池。虽然有许多问题需要研究解决，但开发了新型的塑料锂离子电池。钒的氧化物也被重视，因为 V_2O_5 具有较高的电压、大的比容量、资源丰富、价格便宜等特点。纳米结构的 V_2O_5 比一般晶相材料的电化学性能更好。研究表明：用纳米 V_2O_5 作锂离子电池具有较高的放电容量、较好的循环性能，有商业化应用前景。

3.5 燃料电池

3.5.1 燃料电池的特征、结构和分类

1839 年 William Grove 首次制成氢氧燃料电池。20 世纪 60 年代美国成功地把燃料电池用于"双子星座"和"阿波罗"飞船中。80 年代日本引进美国技术，建立了燃料电池发电厂，大大提高了燃料的综合利用效率。目前，正朝着地面用燃料电池的研制和空间燃料电池的改进及提高方向发展。

燃料电池与一般电池不同，它所需的电极活性物质并不存在于电池内部，而是全部由电池外部供给的。原则上只要不断供给化学原料，燃料电池就能不断工作。

燃料电池具备如下优点：

① 能量效率高。利用热机原理使化学能变为电能，必须经过化学能→热能→机械能→电能的过程，各转化步骤都有能量损失，效率要比卡诺循环低得多。目前热电厂的效率大约是：核能为 30%～40%，天然气为 30%～40%，煤为 33%～38% 和油为 34%～40%；而燃料电池可达 60%。

② 与其他能量转换装置相比，操作更为简便，而且效率与负荷无关。

③ 燃料电池运行时比较安静、清洁，废气排放量低，对环境污染少。

④ 可在较宽温度范围内工作，能回收中温和高温燃料电池的废热，提高能源综合利用率。但是燃料电池的成本较高，使用寿命较短，需要辅助系统，这些都影响到其推广应用。

燃料电池的总效率 ε 为最大热效率 ε_m、电压效率 ε_v 和法拉第效率 ε_I 的乘积，即

$$\varepsilon = \varepsilon_m \cdot \varepsilon_v \cdot \varepsilon_I = (\Delta G/\Delta H) \cdot (E/E^{\varnothing}) \cdot (I/I_m)$$

E 是电流为 I 时电池的电压，$E^{\varnothing}$ 为电池的标准电动势，I_m 为燃料全部变为生成物时的最大电流。如果电池反应可逆，法拉第效率也接近 1 时，则可认为 $\varepsilon = \varepsilon_m = (\Delta G/\Delta H)$。表 3-5 列出常用燃料电池的 ε，大多数在 90% 以上。

表 3-5　25℃标准状态下常见燃料电池的可逆电压和最大热效率

燃料	反应	反应电子数	E/V	ϵ_m	比能量/kWh・kg^{-1}
氢气	$H_2 + \frac{1}{2}O_2 \longrightarrow H_2O$	2	1.229	82.97	3.65
甲烷	$CH_4 + 2O_2 \longrightarrow CO_2 + 2H_2O$	8	1.060	91.87	2.84
一氧化碳	$CO + \frac{1}{2}O_2 \longrightarrow CO_2$	2	1.333	90.86	1.65
甲醇	$CH_3OH + \frac{3}{2}O_2 \longrightarrow CO_2 + 2H_2O$	6	1.214	96.68	2.43
甲醛	$HCHO + O_2 \longrightarrow CO_2 + H_2O$	4	1.350	93.00	3.03
肼	$N_2H_4 + O_2 \longrightarrow N_2 + 2H_2O$	4	1.170	96.77	2.74

燃料电池的比能量高，例如氢氧燃料电池为 3.65kWh・kg^{-1}，若用空气代替氧气，则高达 32.7kWh・kg^{-1}。这是因为燃料电池所用的燃料的电化当量都比较小，而且不断供给燃料，时间越长越明显。

燃料电池由燃料、氧化剂和电解质构成，阴、阳极都是多孔气体电极。一般分为碱性燃料电池、酸性燃料电池、熔融碳酸盐燃料电池和固体氧化物燃料电池。表3-6 给出几种典型燃料电池的构成和运行条件。

表 3-6　几种燃料电池的构成和运行条件

燃料电池种类	聚合物电解质膜	碱性	磷酸	熔融碳酸盐	固体氧化物
阳极	Pt 黑或 Pt/C	掺钛朗尼镍	Pt/C	Ni-10% Cr	Ni-ZrO$_2$
阴极	同上	朗尼镍	Pt/C	掺 Li 的 NiO	掺 Sr 的
				NiO	LiMnO$_3$
燃料	H$_2$	H$_2$	H$_2$	H$_2$	任何燃料
氧化剂	O$_2$	O$_2$	空气	空气	空气
压力/MPa	0.1~0.5	0.2	0.1~1	0.1~1	0.1
温度/℃	80	85	200	650	1000
电解液/mol%	Nafion	6mol・L^{-1}	浓磷酸	62%Li$_2$CO$_3$	钇稳定化的
或电解质		KOH		−38%K$_2$CO$_3$	ZrO$_2$

注：圆柱状结构，其余为双极性平板结构。

3.5.2　各类燃料电池

（1）碱性燃料电池（AFC）。用碱作电解质的优点：

① 燃料的电化学活性较高，在较低温度下也可得到较大功率输出；

② 不需要贵金属催化剂或所需贵金属催化剂载量低。

电池工作温度在 260℃ 以下，发电效率 45%～50%。因碱性电解质会与 CO_2 作用形成 CO_3^{2-}，需要经常更换新电解质。这种电池适用于航天和海洋开发等特殊场合，大规模应用需要到氢能时代。

（2）磷酸燃料电池（PAFC）。 用酸作电解质最大的优点是抗 CO_2，但是电化学反应活性相对低，只有采用铂等贵金属催化剂才有一定的活性。要使铂催化剂不被 CO 毒化，温度必须高于 $130\sim165℃$（因 CO 含量而异）。用于构造电池而不被强酸腐蚀的材料有限，且造价较高。较高温下磷酸的电导率足够大，如 $200℃$ 时，其电导率接近室温下 $6mol \cdot L^{-1}KOH$ 的电导率。磷酸燃料电池是目前最成熟的燃料电池之一，许多重整燃料（如甲醇重整）都可使用。电池工作温度在 $190\sim210℃$ 之间，发电效率 $40\%\sim45\%$。

（3）聚合物电解质膜燃料电池。 聚合物电解质膜燃料电池是以质子交换膜作为电解质，质子（H^+）为传导离子，工作温度低于 $100℃$，阴极和阳极均为铂族贵金属做催化剂的多孔电极，阳极燃料是氢或重整气，阴极氧化剂是空气或氧气。这类电池被称为质子交换膜燃料电池（PEMFC），广泛使用全氟磺酸膜 Nafion。近年来也开发了 Dow 膜，可提高 PEMFC 的性能，但机械稳定性较差。PEMFC 具有功率密度高、结构简单、启动速度快、无腐蚀等优点，适用范围广泛，是目前被关注的燃料电池，发展潜力很大。但质子交换膜等材料价格昂贵，因而电池的成本较高。

此外，直接甲醇燃料电池（DMFC）也是近年开发的用质子交换膜做电解质的新型燃料电池。直接甲醇燃料电池可直接将甲醇供给电池做燃料，不需要燃料重整装置，大大简化了发电系统与结构。此外，甲醇来源丰富，价格便宜，常温下是液体，便于携带和储存。但甲醇在质子交换膜中存在"穿透效应"，电池的工作性能尚待提高。

（4）熔融碳酸盐燃料电池（MCFC）。 由煤气化产生的氢气和一氧化碳混合燃料（经净化除去杂质），在阳极上与熔融 CO_3^{2-} 离子反应产生二氧化碳和水汽，并给外电路提供电子。

电池反应 $CO + H_2 + O_2 = CO_2 + H_2O$

负极 $H_2 + CO_3^{2-} = H_2O + CO_2 + 2e$

        $CO + CO_3^{2-} = 2CO_2 + 2e$

正极 $\frac{1}{2}O_2 + CO_2 + 2e = CO_3^{2-}$

电池的理论电压为 $0.7\sim1.0V$（视气体的组分、压力而异）。

阴极几乎都是由多孔性镍氧化物构成，其中含 $2\%\sim3\%$ 锂离子。一般阴极厚 $0.3mm$ 左右，孔率约为 55%，平均孔径约 $10\mu m$。阴极总是由多孔性烧结镍做成，孔隙率约为 $55\%\sim70\%$，平均孔径约为 $5\mu m$。工作在 $650℃$ 左右，在此高温下就可对天然气进行内部重整，省去复杂、昂贵的重整装置。电极反应很快，不必像低温电池那样为避免毒化而使用贵金属催化剂，但寿命比磷酸燃料电池短。目前这种电池是效率最高的燃料电池，有希望发展成大规模电池技术，美国正规划 $250kW\sim2MW$ 的碳酸盐燃料电池产品。

（5）固体氧化物电解质燃料电池（SOFC）。 通常用 ZrO_2-Y_2O_3 作电解质，只

允许 O_2^{2-} 通过，在 1000℃ 左右工作，主要使用 H_2 或 HCHO 作燃料。优点：

① 所有燃料都自动重整并迅速地氧化成最终产物；

② 燃料中的杂质影响很少；

③ 固体氧化物很稳定；

④ 原理上可设计成自支持电池，能量密度高，电流密度比熔融碳酸盐燃料电池要高 2～4 倍。

由于陶瓷材料的脆性，难以做到 MW 的规模。温度高达 1000℃，设备成本也较高。目前，正在改进陶瓷隔膜和开发金属隔膜以及发展密封技术。美国研制的 20kW 管形固体氧化物燃料电池已运行数千小时。

燃料电池系统通常由电池发电主体（电堆、供气系统、水管理系统、热管理系统）、燃料变换装置和电流变换装置组成。图 3-9 是燃料电池用于电厂发电系统的示意图。

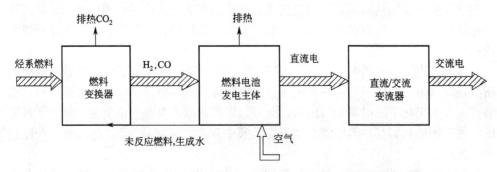

图 3-9　用烃系燃料的磷酸型燃料电池的发电系统流程

燃料电池的应用面较广。在动力上的应用包括大规模发电装置（已进入 100MW 级试验）、边远地区小型发电、宇宙空间电源、电动汽车电源、军舰动力装置、娱乐方面。在化工上的应用如浓缩烧碱液、从含硫化氢的气体中回收硫、过氧化氢生产、盐酸生产、有机物（醛、酮、酚、氯代烷）的合成。此外，还可用于共生工程上，例如与污水处理装置相结合。

燃料电池发电技术的发展必须与其他新能源、新材料技术的发展相结合，例如：利用太阳能、风能从空气中提取水，从纯水中电解制氢，海水淡化制取纯水技术，以及用生物方法从植物废弃物中制取的乙醇作为燃料电池的燃料，这些技术在我国未来能源应用领域具有广泛的潜在市场。

3.6　其他化学电源

3.6.1　钠硫电池

钠硫电池是一种有实际应用前景的高能二次电池，其优点为：比能量高；充放电效率高；电池全密封；钠和硫的资源丰富，价格便宜；适用于作车辆驱动及配电调节贮能电源。钠硫电池的负极活性物质是熔融金属钠；正极活性物质是熔融的多硫化物，通常充满在多孔碳中，集流体是碳棒；电解质为固体电解质，常用β-氧化铝（$Na_2O \cdot 11Al_2O_3$）；工作温度约为300℃。电池的隔膜有3种：管式β-Al_2O_3、板式β-Al_2O_3、硼玻璃毛细管隔膜。

钠硫电池的电池反应比较复杂，因为在不同放电阶段，有不同的正极反应，先后为

(1) $2Na^+ + 5S + 2e = Na_2S_5$（初期）

(2) $2Na^+ + 4Na_2S_5 + 2e = 5Na_2S_4$（中后期）

(3) $2Na^+ + Na_2S_4 + 2e = 2Na_2S_2$（后期，$Na_2S_5$ 耗尽后）

负极反应为

$$2Na = 2Na^+ + 2e$$

因此电池反应先后为

(1) $2Na + 5S = Na_2S_5$

(2) $2Na + 4Na_2S_5 = 5Na_2S_4$

(3) $2Na + Na_2S_4 = 2Na_2S_2$

一般情况在充足电时正极活性物质为硫和硫化物的混合物，其组成常为 Na_2S_5，放电时组成为 Na_2S_3，若继续放电到析出 Na_2S_2 固体，会堵塞陶瓷隔膜。

钠硫电池放电初期电压为2.1V，放电中、后期电压下降 $0.2 \sim 0.3$V。充电电压在 $2.2 \sim 2.6$V。单电池的比能量可达 100Wh·kg^{-1}（不包括保温及包装的重量），充放寿命达2000个深放电循环。把数十个电池组合起来可以用作汽车动力电源。如果组合为25V的电池，峰值功率达到29kW，则在输出功率15kW的情况下，汽车以56km/h的速度行驶128km。要达到作为汽车动力电源这个目标还要解决不少问题：陶瓷隔膜的老化、与硫接触的材料的稳定性、电池的密封技术等。

钠硫电池工作温度较高，电池容易受硫和多硫化钠的腐蚀，而且电池损坏时，钠和硫剧烈反应有危险。为了解决这些问题，研究开发钠/金属氯化物电池。过渡金属氯化物如 $NiCl_2$，$FeCl_2$ 可作为正极活性物质。若用 $NiCl_2$，电池反应为：

$$2Na + NiCl_2 = 2NaCl + Ni$$

钠/金属氯化物电池工作温度较宽，一般在250℃左右工作，电性能可望优于钠硫电池。

3.6.2　固体电解质电池

固体电解质电池与溶液型电解质电池相比，其特点是贮存寿命长，使用温度范围广，耐振动及冲击，没有泄露电解液或产生气体等问题，能制成薄膜，做成各种形状和微型化。但是固体电解质的电导率低于液态电解质溶液，常温时电池的比功率和比能量较低，容易出现极化，不易适应工作时体积变化。

固体电解质电池大概可分为：

① 常温固体电解质电池；

② 中温固体电解质电池，如使用 $\beta\text{-}Al_2O_3$ 的钠硫电池；

③ 高温固体电解质电池，如用 ZrO_2 系固体电解质的高温燃料电池。

目前，较成熟的常温固体电解质电池有银碘电池和锂碘电池。

(1) 银碘电池　　　　　　$Ag\,|\,RbAg_4I_5\,|\,RbI_3\text{-}C$

负极反应　　　　　　　$14Ag =\!\!= 14Ag^+ + 14e$

正极反应　　$14Ag^+ + 7RbI_3 + 14e =\!\!= 3RbAg_4I_5 + 2Rb_2AgI_3$

电池反应　　　　$14Ag + 7RbI_3 =\!\!= 3RbAg_4I_5 + 2Rb_2AgI_3$

　　　　　　$4Ag + 2RbI_3 =\!\!= 3AgI + Rb_2AgI_3$（温度<27℃时）

该电池的开路电压为 0.66V，放电电压平稳，放电电流密度为 $1\sim2mA\cdot cm^{-2}$，瞬间可达 $100\sim200\ mA\cdot cm^{-2}$，理论比能量为 $48Wh\cdot kg^{-1}$，实际只有 $5.3W\cdot h\cdot kg^{-1}$。若采用有机正极材料，如 $(CH_3)_4Ni\text{-}I_2$，则可达 $11\sim22Wh\cdot kg^{-1}$（或$38\sim77Wh\cdot L^{-1}$），贮存寿命超过 10 年。

(2) 锂碘电池：下面介绍两种

① $Li\,|\,LiI\text{-}Al_2O_3\,|\,PbI_2 + PbS\text{-}Pb$，电池反应为

　　　　　　$2Li + PbI_2 =\!\!= 2LiI + Pb$

　　　　　　$2Li + PbS =\!\!= Li_2S + Pb$

正极活性物质为 PbI_2、PbS 或 $PbI_2 + PbS$（重量比为 1∶1）集流体为 Pb，电解质为 $LiI + Al_2O_3$ 粉末压成的薄片。开路电压约为 1.9V，在低放电条件下，比能量可达 $490Wh\cdot L^{-1}$。电池在较高温度（100℃）下贮存，经一年半容量无损失，贮存寿命 10 年以上。

② 反应生成 LiI 电解质的锂电池，正极为聚二乙烯吡啶（P2VP）与碘的络合物。两电极紧密接触，自然产生厚约 $1\mu m$ 的固体电解质层。开路电压为 2.8V，标准放电电流密度小于 $10\mu A\cdot cm^{-2}$，比能量为 $190\sim230Wh\cdot kg^{-1}$，10 年可保存容量 90%。这种电池多用作心脏起搏器的电源。

除了上述两类固体电解质电池外，近年来也有蒙脱石作电解质的固体电解质电池。蒙脱石是黏土矿物（主要成分为 SiO_2 和 Al_2O_3），来源丰富，价格低廉，有较高的离子传导能力。例如，$Zn\,|\,mont\,|\,MnO_2$ 扣式电池已成功用在石英手表中。

3.6.3　热电池

热电池的电解质在常温贮存时是不导电、没有活性的无机固体盐类，使用时需把电解质加热熔融为导体。加热方式可用机械激活机构点燃电池内部的燃烧热源。贮存时电池是惰性的，其贮存期达 10 年以上。热电池的负极活性物质常用钙、镁、锂等活泼金属；正极活性物质常用 $CaCrO_4$，Fe_2O_3，V_2O_5，CuO，WO_3 等；电解质一般用 LiCl-KCl 低共熔物。电池的工作温度约 500℃，电流密度为 $100\sim300mA\cdot cm^{-2}$，工作时间可在几十秒到几分钟之内，工作寿命可达 60min 以上。主要用作军用电源和

应急电源。

比较成熟的电池，例如 Ca|LiCl － KCl|CaCrO$_4$-Fe，电池反应现被认为

$$3Ca+2CaCrO_4+6LiCl \Longrightarrow 3CaCl_2+Cr_2O_3 \cdot 2CaO+3Li_2O$$

此电池的激活时间为 $0.3 \sim 0.7s$，比能量为 $10 \sim 30Wh \cdot kg^{-1}$，使用功率范围 $< 500W$，放电时间 $< 5min$，最大比功率为 $500 \sim 1000W \cdot kg^{-1}$，贮存寿命达 10 年。

热电池有杯型和片型两种结构。正、负极活性物质、电解质片（饱吸 LiCl-KCl 熔盐的玻璃纤维布）和负极片装入镍杯（正极端）中，杯底外加一个热片，即构成密封杯型的单体热电池。片型由加热片（Fe-KClO$_4$）、DEB（去极剂 D、电解质 E、黏合剂 B）和负极片三层组成。

3.7 太阳能电池

3.7.1 硅太阳能电池

太阳能电池是把光能转换为电能的光电池，属于物理电源。用锗或硅的 pn 结，CaAs，CdS，CdTe 等都可用来做成太阳能电池，但商品普及的只有硅太阳能电池。它可用于无人灯塔、广播中转站及人造卫星电源，有望作汽车动力电源。

硅系太阳能电池的结构如图 3-10 所示。将厚度 $0.2 \sim 0.5mm$ 的 n 型硅单晶经表面处理后，利用高温使氧化硼扩散到单晶硅表面 $2\mu m$ 左右深度处制成 pn 结；再经化学处理，安装电极和覆盖防反射膜而制成元件。经过防反射膜涂覆处理后，受光率可提高 30% ～ 40%，电极通常是 Ti-Ag，Ti-Pd-Ag 合金；防反射膜一般采用 SiO$_2$ 或 Ta$_2$O$_5$ 等的真空镀膜。光能变成电能的原理如图 3-11 所示。

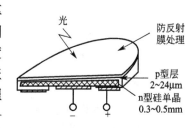

图 3-10 硅太阳能电池的元件结构

当太阳能照射到半导体元件表面时，价带的电子被激发到导带上去，因而产生空穴、电子对。只有光的能量超过半导体禁带宽度（带隙）E_g，这种光电效应才能发生。硅的 E_g 为 $1.12V$，故波长低于 $1.13\mu m$ 的光才可有效地起作用。在 pn 结附近的过剩电子就向 n 侧移动，过剩空穴就向 p 侧移动，使 n 侧带负电，使 p 侧带正电。当与负载连接时，就有电流流过。

太阳能电池的典型电流-电压曲线如图 3-12 所示。在没有光照时，如曲线 a；有光照时，如曲线 b。I_{sc} 表示短路电流，E_{oc} 为开路电压，获得与负载相匹配的最大输出电流为 I_{mp}，最大电压为 E_{mp}。I_{mp} 越接近 I_{sc}，E_{mp} 越接近 E_{oc} 的元件，其特性就越好。

$$E_{oc} = \frac{AkT}{q} \ln\left(\frac{I_{SC}}{I_0} - 1\right)$$

式中，I_0 是 pn 结的饱和电流，取决于 E_g，即

$$I_0 \propto \exp\left(-\frac{E_g}{BkT}\right)$$

上两式中 A、B 为常数（通常 $A = B$），k 为波尔兹曼常数，q 为电荷。

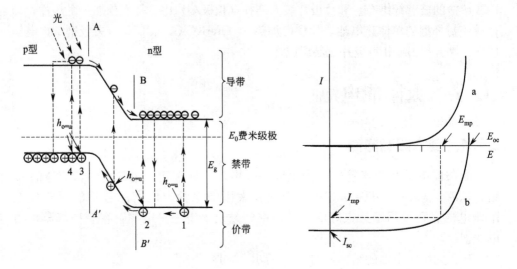

图 3-11　硅太阳能电池元件结构　　　　图 3-12　太阳能电池的 I-E 曲线

　　太阳能电池的短路电流与入射光强度成正比，入射能量强度为零时，I_{sc} 为零；入射能量强度为 $40\text{mW} \cdot \text{cm}^{-2}$ 时，I_{sc} 接近 40mA。开路电压与入射能量强度的关系是非线性的，入射能量强度为 $20 \sim 80\text{mW} \cdot \text{cm}^{-2}$ 范围内，E_{oc} 为 $0.51 \sim 0.56\text{V}$。最大输出电压基本不受入射强度的影响，这种特性用来做二次电池的浮充电源是理想的。所谓浮充电源是使二次电池与稳定电源直接连接，以低率电流补充已放电部分的充电方法。使用太阳能电池时，需要和二次电池并用，在有入射光时，经常以浮充电方式为二次电池充电。

　　硅太阳能电池的使用温度范围很宽，$-50 \sim +150^\circ\text{C}$，其光电装换效率可超过 20%。为了降低成本，开发多晶硅电池和非晶硅电池；前者的效率可达 20%，价格中等，后者效率为 15% 左右，成本较低。其他各具特色的太阳能电池，如 GaAs，InP，$CuInSe_2$，CdTe 等，还只限于实验室产品。

3.7.2　液结太阳能电池

　　除上述固体太阳能电池外，还有液结太阳能电池。与固体太阳能电池相比，液结太阳能电池的优点在于开路光电压很容易用溶液中不同的氧化还原电对来调节，

性能良好的液结的制作工艺简单，更宜于采用多晶材料。液结太阳能电池常称为光电化学电池（PEC），通常一个电极是半导体，另一个是金属，如此组成的电池称为 Schottky 电池。若由两个不同导电类型的半导体组成的电池，则称为 p/n 型电池。光电化学电池分为如下三类：

(1) 光伏电池：如 n-$TiO_2|NaOH|O_2$、Pt、p-$MoS_2|Fe^{3+}$，$Fe^{3+}|Pt$，不发生净反应，即 $\Delta G=0$，只是把光变为电；

(2) 光电合成电池：如 n-$SrTiO_2|H_2O|Pt$，$2H_2O \Longrightarrow 2H_2+O_2$，$\Delta G>0$，不能自发进行，但吸收 $h\nu$ 把光能变为化学能，反应可以实现；

(3) 光催化电池：如 p-GaP|DMF，$AlCl_3|N_2$，Al，Al 把 N_2 还原，$\Delta G<0$，光照加速反应。

研制光电化学电池时，必须考虑以下问题：

① 半导体电极及对电极长期使用的稳定性，其中主要是半导体电极的稳定性；

② 电池应有较高转化效率，与固体器件相比应有竞争能力；

③ 尽量采用廉价原料。

半导体电极必须与太阳能光谱及溶液的 O/R 电对匹配好。E_g 为 1.1～1.5eV 的半导体材料，如 Si，GaAs，InP，CdTe，对太阳能具有最佳的利用率。但至今所有稳定材料的 E_g 均过高，而 E_g 落在 1.1～1.5eV 范围内的材料在水溶液中又都会产生腐蚀。为使材料的光吸收系数满足大多数光子能在耗尽层中被吸收的条件，半导体还需要有适当的掺杂浓度。此外，为降低成本，应向多晶方向发展。现有 p-型半导体材料的价带边一般都很高，没有适合的 O/R 电对与之匹配，故由 p-型半导体材料制成的电池很少。

3.8　应用于电动汽车的电池

电动汽车（EV）是一种以电力代替燃油、以电动机代替内燃机的公路车辆，包括纯电池（驱动）电动车（BEV）、混合型电动车（HEV）与燃料电池电动车（FCEV）三大类。根据使用规格，通常把电池分作小型便携式电池（1～5A·h）和大型动力电池（50～250A·h）两种，前者用于手机和笔记本电脑，后者主要用于电动汽车。

据报道：在 2005～2010 年电动车用电池中，氢镍电池约占 64%，锂离子电池约占 15%，铅酸电池约占 11%，锂聚合物电池约占 2%，其余燃料电池、锌空气电池等约共占 8% 左右。据统计，国内已有 200 家公司、企业着手小型电动车的开发与应用。

铅酸蓄电池作为纯电动汽车动力电源，在比能量、深放电循环寿命、快速充电等方面均比氢镍电池、锂离子电池差，不适合于小型私人汽车；但由于其价格低廉，国内外将它的应用定位于速度不高、路线固定、充电站设立容易规划的公交车上。铅酸蓄电池可以满足混合型电动车上电池的充放电方式，新一代的阀控式密封铅酸电池、胶体铅酸电池是较为经济可靠、技术成熟的电池，因此在各国都有较多的应用，也成为我国近期开发混合动力电动车的首选电池。河北风帆公司生产的铅酸蓄电池在清华电动校车上使用效果较理想，有一组电池已正常运行了 3.7 万多千米。日本松下公司生产的动力型铅酸蓄电池循环寿命已突破 1000 次（80%DOD），汤浅公司的动力型密封铅酸电池比能量已超过 40W·h·kg^{-1}。

镍基电池中，Ni-Cd 电池工艺成熟、放电电流大，但作为 EV 电源其工作性能与环境保护均不如 Ni-MH 储氢电池。Ni-Cd 电池用于电动汽车的例子，如法国雪铁龙贝灵格电动车采用镍镉电池，其比功率超过 200kW·kg^{-1}，循环寿命长达 2000 次。Ni-MH 电池及 Ni-Zn、Ni-空（气）、Na/NiCl$_2$ 等电池都有达到美国先进电池联合体（USABC）制定的中期目标的能力（见表 3-7）。Ni-Zn 的主要缺点是循环寿命短。Na/NiCl$_2$ 目前尚不适于应用，其性能还有待改善。

表 3-7　电动汽车电池的主要参数

电池类型	比能量[1] /W·h·kg^{-1}	能密度[1] /W·h·L^{-1}	比功率[2] /W·kg^{-1}	循环寿命[2] /循环数	预计成本[4] /美元·(kW·h)$^{-1}$
VRLA[5]	30～45	60～90	200～300	400～600	150
Ni-Cd	40～60	80～110	150～350	600～1200	300
Ni-Zn	60～65	120～130	150～350	300	100～300
Ni-MH	60～70	130～170	150～300	600～1200	200～350
Zn/空（气）	230	269	105	不详[3]	90～120
Al/空（气）	190～250	190～200	7～16	不详[3]	不详
Na/S	100	150	200	800	250～450
Na/NiCl$_2$	86	149	150	1000	230～350
Li-聚合物	155	220	315	600	不详
Li 离子	90～130	140～200	250～450	800～1200	>200
USABC 要求[6]	200	300	400	1000	<100

①在 C/3 率即 3 小时率下取得；②放电深度为 80% 条件下；③机械充电；④仅供参考；⑤阀控铅酸电池；⑥美国先进电池联合体。

纯电池电动车要求容量 100A·h、比能量 90W·h·kg^{-1}、比功率 450W·kg^{-1} 的电池组件；混合型电动车要求容量 35Ah、比能量 80W·h·kg^{-1}、比功率 700W·kg^{-1} 的电池组件。Ni-MH 电池是镍基电池中性能最好的，而且储氢电极（MH）所用的稀土和钛资源丰富，原料供给充足和有成本相对低廉的优势。目前 AB$_5$ 型镍氢动力电池的比能量在 60～70W·h·kg^{-1} 之间，估计能达 80W·h·kg^{-1}。Ovonic 公司用 AB$_2$ 型合金研制出能密度达 70～90W·h·kg^{-1} 的矩形镍氢电池。丰田公司的 RAV4LEV 使用高能镍氢电池，最高时速达 125km·h^{-1}，行驶里程 215km。

锂基电池由于性能明显优于 Ni-MH 电池，在小型电池的应用中锂离子电池在便携式电器应用中已呈逐步取代 Ni-MH 电池之势，但作为动力电池，在电动汽车的应用中还有安全问题的隐患。日产 Hypemini 电动车采用锂离子电池，其最高时速达 $100km \cdot h^{-1}$，行驶里程为 130km。三菱公司用锂锰氧电池在 FTO-EV 原型车上 24h 行驶 2000km。

燃料电池电动车最大的优势在于可跑出与内燃机汽车相同的里程，并具有与之相同的工作性能。用 H_2 燃料电动车的燃料，由于能量转换效率高达 $50\% \sim 60\%$，在续航力或行驶里程（能密度）和加速度（功率密度）等性能上可做到二者兼得。燃料电池的缺点是成本高，氢的储存与转移尚无满意的途径，因此 FCEV 仍处于研发阶段。福特的 P2000 为质子交换膜燃料电池（DMFC）电动车，两者的最高时速分别为 128km 和 150km。奔驰 A 级 F-Cell 燃料电池轿车在 2003 年由用户进行首次试车，所用质子交换膜燃料电池的功率为 68kW，450V 直流电转换成 315V 交流电。

固体氧化物燃料电池（SOFC）的工作温度高达 $800 \sim 1000℃$，结构也较 PEMFC 复杂，但它不使用铂族催化剂和外部重整装置，尤其是空气极、燃料极、固体电解质、互联材料等都使用稀土复合氧化物，扬我国稀土资源之长，避我国铂族资源之短，因此除用作固定式发电装置之外，也是我国研发电动汽车的首选电源之一。与直接用甲醇燃料的电池电动汽车比，DMFC 采用车上重整，仅用于转换的燃料就占总燃料的 25%。从节省燃耗看，发展 SOFC EV 也是一个重要的方面。研发低温 PEMFC 和高温 SOFC 作为电动汽车的驱动电源是今后的主攻方向。西门子公司计划于 2003 年批量生产固体氧化物 SOFC（发电供电用），5 年后将形成 100MW 的能力。

在金属空气电池方面，以色列开发了可再充镁电池（金属镁为阳极，有机卤铝酸镁为电解液，含镁、钼与硫的新材料为阴极），充放电循环可达数千次、工作温度宽、搁置寿命长、价格便宜，是否适用于电动汽车，尚需视今后开发情况而定。继以色列 EFL 公司之后，我国博信公司、通锐新能源等也参与电动车用锌空气电池的开发工作。

参 考 文 献

[1] 徐国宪，章庆权 . 新型化学电源 . 北京：国防工业出版社，1987.
[2] 张文宝，倪生麟 . 化学电源导论 . 上海：上海交通大学出版社，1992.
[3] 吕鸣祥，黄长宝，宋玉瑾 . 化学电源 . 天津：天津大学出版社，1992.
[4] 朱松然主编 . 蓄电池手册 . 天津：天津大学出版社，1998.
[5] 隋智通，隋升，罗冬梅 . 燃料电池及其应用 . 北京：冶金工业出版社，2004.
[6] 任学佑 . 锂离子电池及其发展前景 . 电池，1996，26（1）：38.
[7] 钱勇之 . 世界太阳电池产业的发展前景 . 电池，1996，26（1）：41.
[8] 王晓宁，时茜，石启祯等 . 光电化学过程及其应用研究的部分新成果 . 化学通报，1998，
     （2）：14.
[9] 杨遇春 . 电动汽车和相关电源材料的现状与前景 . 中国工程科学，2003，5（12），1.

[10]   Bockris JO'M et al. Comprehensive Treatise of Electrochemistry, Vol . 3: Electrochemical Energy Conversion and Storage . New York and London: Plenum press, 1981.

[11]   Vincent C A, Scrosati B. Modern Batteries, 2nd. ed. London: Arnold, 1997.

[12]   Soonho A. "High capacity, high rate lithium-ion battery electrodes utilizing fibrous。 conductive additives" . Electrochemical and Solid-state Letters, 1998, (3): 111.

[13]   K. Naoi et al. "A new energy storage material: organosulfur compounds based on multile sulfur-sulfue bonds. " J. Electrochem. soc. 1997, 144 (6): L170, L173.

第4章　金属表面精饰

4.1　金属电沉积和电镀原理

金属电沉积是指简单金属离子或络离子通过电化学方法在固体（导体或半导体）表面上放电还原为金属原子附着于固体表面，从而获得一金属层的过程。电镀是金属电沉积过程的一种，它是由改变固体表面特性从而改善外观，提高耐蚀性、抗磨性，增强硬度，提供特殊的光、电、磁、热等表面性质的金属电沉积过程。电镀不同于一般电沉积过程在于：镀层除应具有所需的力学、物理和化学性能外，还必须很好地附着于物体表面，且镀层均匀致密，孔隙率少等。金属镀层的性能依赖于其结构，而镀层的结构又受电沉积条件等的限制，因此，为了获得所要求的镀层。必须要研究电沉积过程的规律。

4.1.1　金属电沉积的基本历程和特点

金属电沉积的阴极过程，一般由以下几个单元步骤串联组成：

（1）液相传质：溶液中的反应粒子，如金属水化离子向电极表面迁移；

（2）前置转化：迁移到电极表面附近的反应粒子发生化学转化反应，如金属水化离子水化程度降低和重排、金属络离子配位数降低等；

（3）电荷传递：反应粒子得电子、还原为吸附态金属原子；

（4）电结晶：新生的吸附态金属原子沿电极表面扩散到适当位置（生长点）进入金属晶格生长，或与其他新生原子集聚而形成晶核并长大，从而形成晶体。

上述各个单元步骤中反应阻力最大、速度最慢的步骤则成为电沉积过程的速度控制步骤。不同的工艺，因电沉积条件不同，其速度控制步骤也不相同。

电沉积过程实质上包括两个方面，即金属离子的阴极还原（析出金属原子）的过程和新生态金属原子在电极表面的结晶过程（电结晶）。二者相互依存、相互影响，造成了金属电沉积过程的复杂性和不同于其他电极过程的一些特点：

（1）与所有的电极过程一样，阴极过电势是电沉积过程进行的动力，只有阴极极化达到金属析出电势时才能发生金属离子的还原反应；而阴极过电势愈大，生成的晶核既小又多，结晶细致。所以，阴极过电势对金属析出和金属电结晶都有重要影响，并最终影响到电沉积层的质量。

（2）双电层的结构，特别是粒子在紧密层中的吸附对电沉积过程有明显影响。反应粒子和非反应粒子的吸附，即使是微量的吸附，都将在很大程度上既影响金属的阴极析出速度和位置，又影响随后的金属结晶方式和致密性，因而是影响镀层结构和性能的重要因素。

（3）沉积层的结构、性能与电结晶过程中新晶粒的生长方式和过程密切相关，同时与电极表面（基体金属表面）的结晶状态密切相关。例如不同的金属晶面上，电沉积的电化学动力学参数可能不同。

$$M^{2+} \cdot (m-n)H_2O + e \longrightarrow M^+ \cdot (m-n)H_2O(吸附离子)$$
$$M^+ \cdot (m-n)H_2O + e \longrightarrow M \cdot (m-n)H_2O(吸附原子)$$

4.1.2 简单金属离子的还原

溶液中的任何金属离子，只要电极电势足够负，原则上都可能在电极上得到还原。但是，若溶液中某一组分的还原电势较金属离子的还原电势更正时，则就不可能实现金属离子的还原。如果阴极还原过程的产物是合金，由于还原产物中金属的活度一般要较纯金属的小，此时仍有可能实现金属的电沉积。最典型的例子莫如活泼金属离子（如 Na^+）在汞阴极上的还原而形成相应的汞齐。

一般认为简单金属离子的还原过程包括以下步骤：

（1）水化金属离子由本体溶液向电极表面的液相传质。

（2）电极表面溶液层中金属离子水化数降低、水化层发生重排，使离子进一步靠近电极表面，过程表示为：

$$M^{2+} \cdot mH_2O - nH_2O \longrightarrow M^{2+} \cdot (m-n)H_2O$$

（3）部分失水的离子直接吸附于电极表面的活化部位，并借助于电极实现电荷转移，形成吸附于电极表面的水化原子，过程表示为：

$$M^{2+} \cdot (m-n)H_2O + e \longrightarrow M^+ \cdot (m-n)H_2O(吸附离子)$$
$$M^+ \cdot (m-n)H_2O + e \longrightarrow M \cdot (m-n)H_2O(吸附原子)$$

同时，由于吸附于电极表面金属原子的形成，电极表面水化离子浓度降低，导致了水化金属离子由本体溶液向电极表面传递的液相传质过程。

（4）吸附于电极表面的水化原子失去剩余水化层，成为金属原子进入晶格。过程可表示为：

$$M \cdot (m-n)H_2O(ad) - (m-n)H_2O \longrightarrow M 晶格$$

对于简单金属离子的阴极还原，其动力学表达较为复杂。但实验表明，一些一价金属离子的电沉积过程的速度控制步骤是电子转移步骤，由前面已经学过的电极过程动力学知识有：

$$\eta_c = -\frac{2.3RT}{\alpha zF}\lg j_0 + \frac{2.3RT}{\alpha zF}\lg j_c \tag{4-1}$$

显然，当电沉积过程的速度控制步骤是放电步骤时，$\lg j_c - \eta_c$ 是直线关系。对于一价或多价金属离子放电过程的动力学处理仍可从巴-伏方程入手。

需要指出的是，简单金属离子阴极还原过程的动力学参数常与溶液中存在的阴离子有关，特别是卤素离子的存在对大多数阴极过程均具有活化作用。一个可能的原因是卤素离子在电极/溶液界面发生吸附，改变了电极溶液界面的双电层结构和其他一些界面性质，降低了金属离子还原的活化能；另一个可能的原因是：溶液中的金属离子与卤素离子发生了配合作用，因而可以使平衡电极电势发生移动。

4.1.3 金属络离子的还原

在金属电沉积过程中，为获得均匀、致密的镀层，常要求电沉积过程在较大的电化学极化条件下进行，而当简单金属离子的溶液中加入络离子时可使平衡电极电势变负，即可满足金属电沉积在较大的超电势下进行。

例如，25℃时，银在 1mol/L $AgNO_3$ 溶液中的平衡电势为：

$$\varphi_e = \varphi^0 + \frac{RT}{F}\ln a_{Ag^+} = 0.799 + 0.0591\log(1 \times 0.4) = 0.756V$$

在该溶液中加入 1mol/L KCN，因 Ag^+ 与 CN^- 形成银氰络离子，若按第一类可逆电极计算电极电势时应取游离 Ag^+ 离子浓度，Ag^+ 与 CN^- 的综合平衡反应为：

$$Ag + 2CN^- \Longleftrightarrow Ag(CN)_2^-$$

已知该络合物不稳定常数：

$$K_{\text{不}} = a_{Ag^+} \cdot a_{CN^-}^2 / a_{Ag(CN)_2^-} = 1.6 \times 10^{-22}$$

设游离 Ag^+ 离子浓度为 X，$Ag(CN)_2^-$ 活度为 $(a_{Ag^+} - x) = (0.4 - x)$，$CN^-$ 活度近似为 1，则有：

$$x = K_{\text{不}} \, a_{Ag(CN)_2^+} / a_{CN^-}^2 = K_{\text{不}}(0.4 - x) / 1^2 = 6.4 \times 10^{-23} mol/L$$

由此可见，游离 Ag^+ 离子浓度是如此之小，以至于一般情况下可以忽略不计。按上面计算结果，有络合剂时的平衡电势应为：

$$\varphi_e = \varphi^0 + 0.591/z \lg x = 0.779 + 0.0591 \lg 6.4 \times 10^{-23} = -0.533V$$

因此，在氰化物溶液中，银离子以银氰络离子形式存在时，电极平衡电势移动到了 $(-0.533 - 0.756)V = -1.289V$。

从上面的例子可看出，络合物稳定常数越大，平衡电势负移越多。而平衡电势越负，金属阴极还原的初始析出电势也越负。

对于金属络离子的阴极还原过程，过去认为是络离子首先解离成简单离子，然后简单离子再在阴极上还原。依据络合物的知识和一些实验的结果，对于络离子的阴极还原，一般认为有以下几种观点：

(1) 络离子可以在电极上直接放电，且在多数情况下放电的络离子的配位数都比溶液中的主要存在形式要低。其原因可能是：具有较高配位数的络离子比较稳定，放电时需要较高活化能，而且较高配位数的络离子常带较多负电荷，受到阴极电场的排斥力较大，不利于直接放电；同时，在同一络合体系中，放电的络离子可能随配体浓度的变化而改变。

(2) 有的络合体系，其放电物种的配体与主要络合配体不同。

(3) Pk 不稳的数值与超电势无直接联系，因为前者主要取决于溶液中主要存在形式的络离子的性质，后者主要取决于直接在电极上放电的离子在电极上的吸附热和中心离子（金属离子）配体重排、脱去部分配位体而形成活化络合物时发生的能量变化。例如 $Zn(CN)_4^{2-}$ 离子和 $Zn(OH)_4^{2-}$ 离子的不稳定常数很接近，分别为 1.9×10^{-17} 和 7.1×10^{-16}，但是在锌酸盐溶液中镀锌时的过电势却比氰化镀锌时小得多；一般来说 K 不稳较小的络离子还原时呈现较大的阴极极化。

4.1.4 金属共沉积原理

研究两种或两种以上金属同时发生阴极还原共沉积形成合金镀层已有一百多年的历史。只是由于合金电镀的影响因素较多，为了获得具有特殊性能的合金镀层要严格控制电镀条件，因此，在相当长的时间内，合金镀层未能在工业上推广应用。要使两种合金实现在阴极上共沉积，就必须使它们有相近的析出电势。

依据金属共沉积的基本条件，只要选择适当的金属离子浓度、电极材料（决定着超电势的大小）和标准电极电势就可使两种离子同时析出。

(1) 当两种离子的 φ_0^θ 相差较小时，可采用调节离子浓度的方法实现共沉积；如 Sn 和 Pb 的共沉积。

(2) 当两种离子的 φ_0^θ 相差不大（<0.2V），且两者极化曲线斜率又不同的情况下，则调节电流密度使其增大到某一数值，使两种离子的析出电势相同，也可以实现共沉积。

(3) 当两种离子的 φ_0^θ 相差很大，可通过加入络合剂以改变平衡电极电势，实现共沉积。

(4) 添加剂的加入可能引起某种离子阴极还原时极化超电势较大，而对另一种离子的还原则无影响，这时亦可实现金属的共沉积。

4.1.5 金属电结晶动力学

金属电沉积过程是一个相当复杂的过程，金属离子在电极上放电还原为吸附原子后，需经历由单吸附原子结合为晶体的另一过程方可形成金属电沉积层，这种在电场作用下进行的结晶过程称为电结晶。金属离子还原继而形成结晶层的电结晶过程一般包括以下步骤：

① 溶液小的离子向电极表面的扩散；

② 电子迁移反应；

③ 部分或完全失去溶剂化外壳，导致形成吸附原子；

④ 光滑表面或异相基体上吸附原子经表面扩散，到缺陷或位错等有利位置；

⑤ 电还原得到的其他金属原子在这些位置聚集形成新相的核，即核化；

⑥ 还原的金属原子结合到晶格中生长即核化生长；

⑦ 沉积物的结晶及形态特征的发展。

金属的电结晶理论认为：要实现电结晶，金属离子首先必须还原为吸附于光滑表面的原子，这些吸附的原子在电极表面上扩散到缺陷或位错处聚集，然后吸附原子在缺陷位错上核化、生长形成电结晶层。对于电极表面上核的生长一般是平行或垂直于表面的；当覆盖于电极表面的金属原子超过单分子层时，接着的电沉积过程即在同种金属基质上进行，不同于电沉积刚开始时异相金属基质上的沉积；明显地，金属沉积时第一层的形成决定了电沉积或电结晶层的结构和与基底的黏附力。

金属的电结晶过程十分类似于均相溶液中沉淀的形成，两者主要差别在于均相溶液中沉淀的结构受过饱和程度影响，而电结晶层的结构则受超电势影响。

当施加电势（负值）较小时，电流密度低，晶面只有很小生长点，吸附原子表面扩散路程长，沉积过程的速度控制步骤是表面扩散；当施加电势高（较大的负值）时，电流密度也大，晶面上生长点多，表面扩散容易进行，电子传递成为速度控制步骤。

电结晶过程的动力学研究表明：增加阴极极化可以得到数目众多的小晶体组成的结晶层，即超电势是影响金属电结晶的主要动力学因素；对于电结晶层的形成，一般经历核化和生长两步骤，电沉积开始时一段时间内还原原子在表面的核化可用下列关系式表示：

$$N=N_0[1-\exp(-At)] \tag{4-2}$$

式中，N 为在不同反应时间单位面积上分布于电极表面核的数目，N_0 为活性位置的数目密度，A 是每个位置上稳态核化的速率常数：当 At 远大于 1 时（如可通过施加一个高的超电势实现），$N=N_0$，所以核化过程是瞬时进行的（称为瞬时核化）；当 At 远小于 1 时，$N=AN_0t$，即核化随反应的进行连续发生（称为连续核化），这样可推导出对应于动力学控制时瞬时核化及二维生长、连续核化和三维生长过程的电流-时间暂态关系：

对于瞬时核化： $$j=2\pi zFM^2k^3N_0t^2\rho^{-2} \tag{4-3}$$

对于连续核化： $$j=2\pi zFM^2k^3AN_0t^3\rho^{-3} \tag{4-4}$$

对应于扩散控制时的瞬时核化和连续核化及生长的电流-时间暂态关系：

对于瞬时核化： $$j=\pi zF(2Dc)^{3/2}M^{1/2}k^3N_0t^{1/2}\rho^{-1/2} \tag{4-5}$$

对于连续核化： $$j=\frac{3}{4}\pi zF(Dc)^{3/2}M^{1/2}AN_0t^{3/2}\rho^{-1/3} \tag{4-6}$$

式中，M 和 ρ 为电沉积物种的摩尔质量和密度，k 是电沉积反应的速率常数，D 为物种的扩散系数，c 为活性物种的本体浓度。因此，通过分析实验得到的电流-时间暂态曲线可以得到有关电结晶的机理。

现已知道，对于任一电极过程，施加于电极的电势决定了电极反应速率的大小；同样，对于电结晶过程，施加电势的大小决定了沉积的速度和结晶层的结构。图4-1表示的是电结晶的结构与施加于阴极的还原电势的关系。从图上可发现，要得到所希望的金属电结晶层，就必须注意调节施加电势的大小。金属电沉积得到的电结晶形态一般有层状、金属塔状、块状、立方层状、螺旋状、须状和树枝状等。影响电结晶形态的因素除施加的电极电势外，还有主盐浓度、酸度、溶液洁净度、基底表面形态、电流、温度和时间等。

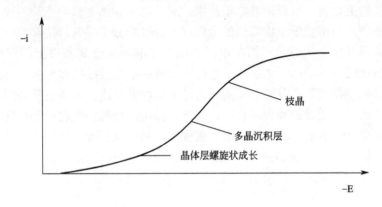

图4-1　电结晶层结构随施加电势的变化关系

4.1.6　金属电沉积过程中表面活性物质的作用

对于金属电沉积过程，如果在溶液中含有少量的添加剂，就可能显著影响沉积过程的速度以及沉积层的结构。

吸附的表面活性物质对双电层的影响主要体现在：表面活性离子的吸附改变了界面的电势分布，导致双电层中放电物种——简单金属离子的浓度降低，而且减慢了该种离子阴极还原反应的速率，但却能加速络合阴离子的还原反应速率，因为添加剂和络合剂一起能形成多元络合物（如离子缔合物等）。

添加剂对电沉积反应速率的影响可归因于：

① 由于吸附改变了界面的电势分布，影响了反应速率；

② 活性物质在电极表面的吸附引起了表面沉积反应活化能的变化，甚至对能改变金属电沉积反应的机理；

③ 表面活性物质对电沉积过程的影响除上述作用外，还能对镀层起整平作用和光亮作用。

整平剂作用机理可以表述为：

① 在整个基底表面上金属电沉积过程是受电化学活化控制（即电子传递步骤是速度控制步骤）的；

② 整平剂能在基底电极表面发生吸附，并对电沉积过程起阻化作用；

③ 在整平过程中，吸附在表面上的整平剂分子是不断消耗的，在基底上的吸附过程受扩散步骤控制；这样整平作用可以借助于微观表面上整平剂供应的局部差

异来说明。由于微观表面上微峰和微谷的存在，整平剂在电沉积过程中向"微峰"扩散的流量要大于向"微谷"扩散的流量，所以"微峰"处获得的整平剂的量要较"微谷"处的多，同时由于还原反应不能发生在整平剂分子所覆盖的位置上，于是"微峰"处受到的阻化作用要较"微谷"处的大，使得金属在电极表面"微峰"处电沉积的速度要小于"微谷"处的速度，最终导致表面的"微峰"和"微谷"达到平整；整平剂通常是下列物质：1,4-丁炔二醇、硫脲、香豆素、糖精等。

整平剂能够改善镀件表面的不平整度，但未必能使表面达到足够的光亮，与电镀层平整程度一样，镀层的光洁度同样与镀件表面的凹凸程度有关；对于光亮剂对镀层起光亮作用的机理，一种看法认为光亮作用是一个非常有效的整平作用，可以用前面提到的扩散控制阻化机理来说明增光作用；另一种解释是光亮剂具有使不同晶面的生长速度趋于一致的能力。

需要指出的是，这两种增光机理都只能部分地解释实验的事实，要成功地解释增光作用，尚需对光亮剂在镀件表面的吸附过程动力学以及添加剂对金属电沉积过程的影响进行深入系统的研究。经验表明，光亮剂通常是含有下列一些基团的物质：

$R—SO_3H$、$—NH_2$、$>NH$、$RN=NR'$、$—SR$、$R_2C=S$、RO^-、ROH、$RCOO^-$

但是并不是添加剂加得越多光亮效果越好，如果添加剂加得太多，则添加剂的吸附过程已经不是由扩散步骤控制，不能实现整平和光亮作用，光亮效果反而变差。

如何选择添加剂呢？一般选择添加剂是经验性的，但是必须考虑以下原则：

① 在金属电沉积的电势范围内，添加剂能够在镀件表面上发生吸附；

② 添加剂在镀件表面的吸附对金属电沉积过程有适当的阻化作用；

③ 毒性小，不易挥发，在镀液中不发生化学变化，其可能的分解产物对金属沉积过程不产生有害的影响；

④ 不过分降低氢在阴极析出的超电势；

⑤ 为了尽可能避免埋入镀层，其在镀件表面的脱附速度应比新晶核生长速度要快；

⑥ 添加剂的加入还不能对阳极过程造成不利的影响等。

4.2 电镀过程

电镀是以被镀工件作为阴极浸入欲镀金属盐溶液中、致使被镀金属离子在阴极表面上还原从而获得牢固结合的金属膜的一种表面加工方法。可能的阳极反应是被镀金属的阳极溶解或氧气的析出；电镀时电解条件的控制就是使被镀金属的还原和阳极溶解具有相同的电流效率，以保证镀液中被镀金属离子的浓度保持恒定；在一些场合，必须以盐类形式添加到镀液中以获得金属离子，此时要使用惰性电极（常用 Pt），阳极反应为 O_2 析出。电镀过程中阴极的处理、阳极材料、镀液、电流密度等条件的选择和控制至关重要。

4.2.1 镀层应具有的主要性能

镀层应具有的性能除化学稳定性和平整程度与光洁度外，还包括镀层的力学性能：镀层与基底金属的结合强度、镀层的硬度、内应力、耐磨性以及脆性等。

镀层与基底金属的结合强度（结合力）是指金属镀层从单位表面积基底金属（或中间镀层）上剥离所需要的力。结合强度的镀层的大小意味着牢固程度。显然，具有较强的结合力是金属镀层的基本条件；结合力的大小是由沉积金属原子和基底金属的本质所决定的，如果沉积层的生长是基底结构的延续，或沉积金属进入基底金属的晶格并形成合金，则结合力一般都比较大；同时，结合力的大小也受到镀件表面状态的影响；若镀件基底表面存在氧化物或钝化膜，或镀液中的杂质在基底表面上发生吸附都会削弱镀层与基底金属的结合强度。

硬度是指镀层对外力所引起的局部表面形变的抵抗程度。硬度的大小与镀层的物质的种类、电镀过程中镀层的致密性以及镀层的厚度等有关。镀层的硬度与抗磨性、结合强度、柔韧性等均有一定的联系，通常硬度大则抗磨损能力较强，但柔韧性较差。

镀层的脆性是指其受到压力至发生破裂之前的塑性变形的量度。如果镀层经受拉伸、压缩弯曲、扭转等形变而不容易破裂，则这种镀层被称为柔韧的或不脆的；反之，如果镀层受这些形变时容易破裂，则被称为是易脆的；脆性作为衡量镀层质量的重要指标之一。

内应力是指镀层内部的应变力。内应力分为张应力和压应力，前者通常用正值表示，后者常用负值表示。张应力是指基底反抗镀层收缩的拉伸力，压应力是基底反抗镀层拉伸的收缩力。所以，当沉积层的体积倾向于收缩时表现出张应力，而当沉积层的体积倾向于膨胀时表现出压应力。内应力对镀层的力学性能影响较大，例如，当镀层的压应力大于镀层与基底之间的结合力时，镀层将起泡或脱皮；当镀层的张应力大于镀层的抗拉强度时，镀层将产生裂纹从而降低其抗腐蚀性。

4.2.2 影响镀层质量的因素

影响镀层的质量因素主要有镀液的组成及性能、电镀工艺、阳极等因素的影响，其中电镀工艺中又包括如电流密度、温度、pH 值、溶液的搅拌等。

(1) 镀液的组成及性能的影响。镀液配方千差万别，但一般都是由主盐、导电盐（又称为支持电解质）、络合剂和一些添加剂等组成。

主盐是指进行沉积的金属离子盐，主盐对镀层的影响体现在：主盐浓度高，镀层较粗糙，但允许的电流密度大；主盐浓度低，允许通过的电流密度小，影响沉积速度。一般电镀过程要求在高的浓度下进行，考虑到溶解度等因素，常用的主盐是硫酸盐和氯化物。

导电盐（支持电解质）的作用是增加电镀液的导电能力，调节溶液的 pH 值，这样不仅可降低槽压、提高镀液的分散能力，更重要的是某些导电盐的添加有利于改善镀液的物理化学性能和阳极性能。

络合剂的作用是使金属离子的阴极还原极化得到了提高，有利于得到细致、紧密、质量好的镀层，但成本较高。对于 Zn，Cu，Cd，Ag，Au 等的电镀，常见的络合剂是氰化物；但对于 Ni，Co，Fe 等金属的电镀因这些元素的水合离子电沉积时极化较大，因而可不必添加络合剂。在复盐电解液的电镀过程中，因氰化物的毒性，无氰电镀已成为发展的方向。

添加剂在镀液中不能改变溶液性质，但却能显著地改善镀层的性能，通常使镀层的硬度增加，而内应力和脆性则可能是提高，也可能是降低。添加剂对镀层的影响体现在添加剂能吸附于电极表面，可改变电极-溶液界面双电层的结构，达到提高阴极还原过程超电势、改变 Tafel 曲线斜率等目的。添加剂的选择是经验性的，添加剂可以是无机物或有机物，通常指的添加剂有光亮剂、整平剂、润湿剂和活化剂等。对于 Zn，Ni 和 Cu 等的电镀，最有效的光亮剂是含硫化合物，如萘二磺酸、糖精、明胶、1,4-丁炔二醇等。

(2) 电镀生产工艺因素的影响。电镀工艺因素包括电流密度、温度、pH 值、溶液的搅拌等。

① 电流密度对镀层的影响主要体现在：电流密度大，镀同样厚度的镀层所需时间短，可提高生产效率，同时，电流密度大，形成的晶核数增加，镀层结晶细而紧密，从而增加镀层的硬度、内应力和脆性。但电流密度太大会出现枝状晶体和针孔等。对于电镀过程，电流密度存在一个最适宜范围。

② 电解液温度对镀层的影响体现在：提高镀液温度有利于生成较大的晶粒，因而镀层的硬度、内应力和脆性以及抗拉强度降低。同时，提高温度，能提高阴极和阳极电流效率，消除阳极钝化，增加盐的溶解度和溶液导电能力，降低浓差极化和电化学极化。但温度太高，结晶生长的速度超过了形成结晶活性的生长点，因而导致形成粗晶和孔隙较多的镀层。

③ 电解液的搅拌有利于减少浓差极化，利于得到致密的镀层，减少氢脆。

④ 溶液中氢离子浓度（pH 值）的影响：在其他条件相同的情况下，溶液中的氢离子浓度越高金属的电流效率越低。在阴极，析出的氢气渗入镀层能增加镀层的内应力，引起氢脆，裂痕和形成气泡；在电镀中为了维持镀液的 pH 值稳定，常加入缓冲剂、无机和有机酸（如硼酸、氨基酸）等物质。

当然还有冲击电流和换向电流等的使用对镀层也有一定的影响。

(3) 阳极的影响。电镀时阳极对镀层质量亦有影响，阳极氧化一般经历活化区（即金属溶解区）、钝化区（表面生成钝化膜）和过钝化区（表面产生高价金属离子或析出氧气）三个步骤，电镀中阳极的选择应是与阴极沉积物种相同，镀液中的电解质应选择不使阳极发生钝化的物质，电镀过程中可调节电流密度保持阳极在活化区域。如果某些阳极（如 Cr）能发生剧烈钝化，则可用惰性阳极。

4.2.3 电镀生产工艺

电镀生产工艺流程一般包括镀前处理、电镀和镀后处理三大步。

(1) 镀前处理是获得良好镀层的前提，镀前处理一般包括机械加工、酸洗、除油等步骤．机械加工是指用机械的方法，除去镀件表面的毛刺氧化物层和其他机械杂质，使镀件表面光洁平整，这样可使镀层与基体结合良好，防止毛刺的发生，有时对于复合镀层，每镀一种金属均须先进行该处理。除机械加工抛光外，还可用电解抛光使镀件表面光洁平整；电解抛光是将金属镀件放入腐蚀强度中等、浓度较高的电解液中在较高温度下以较大的电流密度使金属在阳极溶解，这样可除去镀件缺陷，得到一个洁净平整的表面，且镀层与基体有较好的结合力，减少麻坑和空隙，使镀层耐蚀性提高，但电解抛光不能代替机械抛光。

酸洗的目的是为了除去镀件表面氧化层或其他腐蚀物。常用的酸为盐酸，用盐酸清洗镀件表面，除锈能力强且快，但缺点是易产生酸雾（HCl 气体），对 Al，Ni，Fe 合金易发生局部腐蚀，不适用；改进的措施是使用加入表面活性剂的低温盐酸。除钢铁外的金属或合金亦可考虑用硫酸、乙酸及其混合酸来机械酸洗。需要说明的是，对于氰化电镀，为防止酸带入镀液中，酸洗后还需进行中和处理，以避免氰化物的酸解。

除油的目的是消除基体表面上的油脂。常用的除油方法有碱性除油和电解除油，此外还有溶剂（有机溶剂）除油和超声波除油等。碱性除油是基于皂化原理，除油效果好，尤其适用于除重油，但要求在较高温度下进行，能耗大。电解除油是利用阴极析出的氢气和阳极析出的氧气的冲击、搅拌以及电解质的作用来进行，但阴极会引起氢脆，阳极会引起腐蚀。需要说明的是在镀前处理的各步骤中，由一道工序转入另一道工序均需经过水洗步骤。

(2) 电镀：镀件经镀前处理，即可进入电镀工序。在进行电镀时还必须注意电镀液的配方，电流密度的选择以及温度、pH 值等的调节。需要说明的是，单盐电解液适用于形状简单、外观要求又不高的镀层，络盐电解液分散能力高，电镀时电流密度和效率低，主要适用于表面形状较复杂的镀层。

(3) 镀后处理：镀件经电镀后表面常吸附着镀液，若不经处理可能腐蚀镀层；水洗和烘干是最简单的镀后处理。视镀层使用的目的，镀层可能还需要进行一些特殊的镀后处理，如镀 Zn，Cd 后的钝化处理和镀 Ag 后的防变色处理等。

4.3 常用的电镀层

锌、锡、铜、镍、铬、银、金镀层是常用的镀层。镀锌和镀镉主要用于保护钢及铁基合金；铜镀层用于电子工业及作为铜镍铬防护装饰性镀层的底层；锡镀层用于食物包装铁罐的保护层和作为焊接的电接触；镀铬的主要目的是保持美观和光泽的表面及提高硬度和耐磨性；银和金镀层可用于装饰、反射器和电接触。

4.3.1 镀镍

镍镀层作为保护各种钢铁制品的中间层，是铜镍铬防护性装饰镀层的主体，在电镀工业中占有很重要的地位，广泛应用于机械制造、轻工业和国防工业等。

镍镀液一般为酸性，以硫酸镍和氯化镍为主盐，以硼酸为缓冲剂。若不加光亮剂，则得到暗镍镀层；光亮镍镀液需同时加入第一类（初级）光亮剂和第二类（次级）光亮剂；第一类光亮剂分子中具有＝CSO_2—的结构，例如糖精，使镀层晶粒细化，但单独使用时不能产生全光亮镀层，只有第二类光亮剂配合使用时才能使镀层达到全光亮。第二类光亮剂分子中常含有双键或三键等不饱和基团，例如香豆素，能使镀液具有较好的整平性，能降低底层张应力；但是用量过多时会带来压应力，也不能单独使用。

其中以硫酸盐型（低氯化物）即称之为 Watts（瓦特）镀镍液在工业上的应用最为普遍，基本工艺条件：$250\sim350g \cdot L^{-1}\ NiSO_4 \cdot 7H_2O$，$30\sim60g \cdot L^{-1}\ NiCl_2 \cdot 6H_2O$，$35\sim40g \cdot L^{-1}\ H_3BO_3$，$0.05\sim0.10g \cdot L^{-1}$ 十二烷基硫酸钠，pH 为 $3\sim4$，温度为 $45\sim65℃$，电流密度为 $1.0\sim2.5A \cdot dm^{-2}$，阳极：镍板。

光亮镀镍工艺条件：$250\sim300g \cdot L^{-1}\ NiSO_4 \cdot 7H_2O$，$30\sim50g \cdot L^{-1}\ NiCl_2 \cdot 6H_2O$，$35\sim40g \cdot L^{-1}\ H_3BO_3$，$0.05\sim0.15g \cdot L^{-1}$ 十二烷基硫酸钠，pH 为 $4\sim4.6$，温度为 $40\sim50℃$，电流密度为 $1.5\sim3A \cdot dm^{-2}$，糖精和丁炔二醇。

镀镍工艺的关键技术是添加剂，国内外都积极进行添加剂的开发研究。

4.3.2 镀铜

镀铜是使用最广泛的一种预镀层。锡焊件、铅锡合金、锌压铸件在镀镍、金、银之前都要镀铜，用于改善镀层结合力；铜镀层还用于局部的防渗碳、印制板孔金属化，并作为印刷辊的表面层。

镀铜的电镀液有酸性及碱性二类。酸性镀液成分简单，毒性小，价格便宜，在搅拌下可用较高的电流密度，故生产率较高，但是镀层结晶较大，分散能力较差。碱性镀液毒性大，价格较贵，但镀层结晶细致光滑。

酸性镀铜的主要工艺条件：$200\sim250g \cdot L^{-1}\ CuSO_4 \cdot 5H_2O$，$45\sim75g \cdot L^{-1}\ H_2SO_4$，$10\sim80g \cdot L^{-1}\ NaCl$，适量光亮剂，pH 为 $1.2\sim1.7$，温度为 $20\sim32℃$，电流密度为 $1\sim5A \cdot dm^{-2}$，阳极：磷铜板。

酸性镀铜光亮剂有四氢噻唑硫酮（H1），苯基聚二硫丙烷磺酸钠（S1），聚乙二醇（P）等，一般配合使用，例如加入 $0.001g \cdot L^{-1}$ H1，$0.01\sim0.02\ g \cdot L^{-1}$ S1，$0.03\sim0.05g \cdot L^{-1}$ P。

4.3.3 镀锌

与其他金属相比，锌是相对便宜而又易镀覆的一种金属低值防蚀电镀层。被广泛用于保护钢铁件，特别是防止大气腐蚀，并用于装饰；镀覆技术包括槽镀（或挂镀）、滚镀（适合小零件）、自动镀和连续镀（适合线材、带材）。

镀锌液一般分为酸性和碱性两大类，碱性镀液又分为氰化物和锌酸盐镀液，酸性镀液又分为硫酸盐、氯化物、氨盐、氯化钾、氟硼酸盐镀液。下面列举两种。

硫酸盐镀锌：$350g \cdot L^{-1}$ $ZnSO_4 \cdot 7H_2O$，$15g \cdot L^{-1}$ NH_4Cl，$30g \cdot L^{-1}$ $AlCl_3$，$15g \cdot L^{-1}$ H_3BO_3，$0.5 \sim 1mL \cdot L^{-1}$苄叉丙酮衍生物与平平加（脂肪醇聚氧乙烯醚）的混合物，pH 为 $3.8 \sim 4.6$，温度为 $15 \sim 25 \text{℃}$，电流密度为 $1 \sim 3A \cdot dm^{-2}$，阳极为锌板。

锌酸盐碱性镀液：$10g \cdot L^{-1} ZnO$，$120g \cdot L^{-1}$ $NaOH$，$1 \sim 2mL \cdot L^{-1}$乙二胺与环氧氯丙烷缩合物，温度为 $20 \sim 28 \text{℃}$，电流密度为 $1 \sim 3A \cdot dm^{-2}$。

为了提高镀锌层的抗腐蚀性，常把镀锌后的工件进行钝化处理，使锌镀层表面形成一层致密的稳定性较高的薄膜。例如高铬酸盐钝化溶液：$200 \sim 230$ $g \cdot L^{-1}$ CrO_3，$15 \sim 30mL \cdot L^{-1}$ HNO_3，$10 \sim 25g \cdot L^{-1}$ H_2SO_4，在室温下把镀件放入钝化液中移动 $8 \sim 15s$，在空气中停留 $5 \sim 10s$。

4.3.4 镀锡

电镀锡薄板用途广泛，主要应用于制罐及罐头食品工业，化学、医药、纺织染料、工业用油、电器、仪表和军工方面的包装材料。电镀锡薄板外表美观无毒，便于处理，容易涂饰和印刷。

由于锡的熔点低，故常用热浸镀锡，但此法不易控制镀层的厚度及均匀性。用酸性或碱性溶液镀锡，可得到较好的镀层，尤以碱性镀锡更佳。

碱性镀锡：$40 \sim 60g \cdot L^{-1}$ $Na_2SnO_3 \cdot H_2O$，$10 \sim 16g \cdot L^{-1}$ $NaOH$，$20 \sim 30g \cdot L^{-1}$ $NaAc$，温度为 $70 \sim 85 \text{℃}$，电流密度为 $0.4 \sim 0.7A \cdot dm^{-2}$，阳极：纯锡板。

酸性镀锡：$45 \sim 55g \cdot L^{-1} SnSO_4$，$60 \sim 100g \cdot L^{-1}$ H_2SO_4，$80 \sim 100g \cdot L^{-1}$甲酚磺酸，$2 \sim 3g \cdot L^{-1}$明胶，$0.8 \sim 1g \cdot L^{-1}$ 2-萘酚，温度为 $15 \sim 30 \text{℃}$，电流密度为 $0.5 \sim 1.5A \cdot dm^{-2}$。

4.3.5 镀铬

铬电镀液一般将铬酐溶于水中，再加硫酸增加导电能力。镀铬时需要很大的电流密度，但其电流效率很低（约 $12\% \sim 15\%$）。因为大部分电流用在分解水析出氢及氧，并放出热量。电镀过程中析出带有铬酸的大量气体，需要安装排除有毒气体的设备。镀铬时要用较高的电压（$10 \sim 12V$），采用不溶性阳极，如铅-锑（$6\% \sim 8\%$）合金。镀铬时阴极反应为：

$$CrO_4^{2-} + 8H^+ + 6e \longrightarrow Cr + 4H_2O$$

$$2H^+ + 2e \longrightarrow H_2$$

$$CrO_4^{2-} + 8H^+ + 3e \longrightarrow Cr^{3+} + 4H_2O$$

阳极反应为：

$$2H_2O \longrightarrow O_2 + 4H^+ + 4e$$
$$Cr^{3+} + 4H_2O \longrightarrow CrO_4^{2-} + 8H^+ + 3e$$

镀铬层的质量取决于硫酸浓度和铬酸浓度之比，一般控制 CrO_3 / H_2SO_4 在 $(100\sim150):1$ 的范围较好。CrO_3 / H_2SO_4 太低时，金属铬析不出；过高时，镀层质量显著降低。三价铬对镀层质量影响很大，必须经常分析调整，Cr^{3+} 不能超过 $15g \cdot L^{-1}$。

一般采用中等浓度铬酸酐镀液镀铬，其主要工艺条件：$230\sim270g \cdot L^{-1}$ CrO_3，$2.3\sim2.7g \cdot L^{-1}$ H_2SO_4，$2\sim4g \cdot L^{-1}$ Cr^{3+}，温度为 $48\sim53℃$，电流密度为 $15\sim30A \cdot dm^{-2}$，阳极：铅锑合金板。为了减少污染、节省资源，研究低浓度镀铬工艺已取得某些成果。在一定条件下采用 $70\sim150g \cdot L^{-1}$ CrO_3，可得到性能接近高浓度镀铬水平的镀层。此外，也开发了三价铬电镀工艺。

4.3.6 镀银

该镀层用于防止腐蚀，增加导电率、反光性和美观。广泛应用于电器、仪器、仪表和照明用具等制造工业。镀银电解液种类较多，但仍以氰化物镀银应用最广。这种镀液稳定可靠，电流效率高，有良好的分散能力，镀层结晶细致有光泽；最大缺点是毒性大，污染环境。

氰化物镀银：$30\sim40g \cdot L^{-1}$ AgCl，$65\sim80g \cdot L^{-1}$ KCN（总），$30\sim40g \cdot L^{-1}$ KCN（游离），温度为 $10\sim35℃$，电流密度为 $0.1\sim0.5A \cdot dm^{-2}$。

4.3.7 镀金

镀金一般在铜及银镀层上进行，可采用碱性金镀液或酸性金镀液。金镀层耐蚀性强，导电性好，易于焊接，耐高温，并具有一定的耐磨性（如掺有少量其他元素的硬金）。因而，它广泛应用于精密仪器仪表、印刷板、集成电路、电子管壳、电接点等要求电参数性能长期稳定的零件电镀。金镀层作为装饰性镀层也用于电镀首饰、钟表零件、艺术品等。

碱性金镀液：$5\sim20g \cdot L^{-1}$ $KAu(CN)_2$，$25\sim35g \cdot L^{-1}$ KCN，$25\sim35g \cdot L^{-1}$ K_2CO_3，温度为 $50\sim65℃$，电流密度为 $0.1\sim0.5A \cdot dm^{-2}$。

从上列举的电镀工艺条件来看，多数电镀的电流密度为 $1\sim5A \cdot dm^{-2}$，但镀金、镀银的较低。通常沉积物的厚度取决于应用对象，从 $0.01\sim100\mu m$，电镀时间短至数秒，长达数十分钟。对多数金属，电流效率都很高，镀铜、镍、银、锡、锌的电流效率都可达 90% 以上。

4.4 化学镀与塑料电镀

4.4.1 化学镀

化学镀即无电镀，又称自催化镀。化学镀是利用还原剂，使溶液中的金属离子在基体表面上自动还原析出金属的过程。开始时溶液中的金属离子在活化表面上被催化还原，产生的第一批金属沉积物成为进一步还原金属离子的核和催化剂，于是反应便持续进行下去。对于化学镀镍，用 NaH_2PO_2 作还原剂时一般认为有如下反应：

$$2H_2PO_2^- + 2H_2O + Ni^{2+} = 2HPO_3^{2-} + 4H^+ + Ni + H_2$$

对于化学镀铜，常采用另一类还原剂，如甲醛，其反应为

$$Cu^{2+} + 2HCHO + 4OH^- = Cu + 2HCOO^- + H_2 + 2H_2O(表面催化)$$

由于甲醛与 OH^- 的歧化反应，生成甲醇和甲酸，使还原剂消耗比理论的多。铜的沉积也认为是 H^- 与 Cu^{2+} 作用的结果。

化学镀的反应必须在具有催化性能的表面上进行，因此，原则上具有催化作用的金属才能进行化学镀。通常次外层的 d 轨道上容易得到电子的金属能从其他物质上夺取电子，故容易化学吸附，有催化作用。因此在周期表中，符合此条件的是具有催化作用的第 Ⅴ 族到第 Ⅷ 族的过渡金属。另外，ⅡB 族的铜、银、金虽不符合此条件，但是这些金属次外层 d 电子跃迁到外层轨道所需的能量不大，故在 d 轨道上有可能造成电子空穴，因而也有催化作用。据此，可能进行化学镀的金属有 Fe，Co，Ni，Pd，Ir（铱），Pt，Cu，Au，Cr 等，它们的合金也可进行化学镀，甚至一些本来不能直接依靠自身催化而沉积出来的金属和非金属亦可夹在上述金属中，化学沉积出合金层或复合镀层。

化学镀具有许多优点：

① 无论零件几何形状如何，均可得到均匀镀层；

② 设备简单，操作方便，而且能镀特殊性能的膜；

③ 可在塑料、陶瓷、玻璃等非金属和半导体基体上进行。

化学镀镍已应用于机械工业、汽车工业、电子工业，应用前景宽广。但是化学镀也有不少缺点：

① 随着化学镀反应的进行，反应物浓度不断下降，反应速度随之下降，以致反应停止，金属离子未能充分利用；

② 镀液的稳定性、化学镀的速度与镀层密切相关，镀层质量不容易控制；

③ 对于非金属材料上的化学镀，还存在镀件表面预处理问题。

4.4.2 塑料电镀

ABS 塑料、聚丙烯、聚砜、聚碳酸酯、尼龙等种种塑料都能进行电镀，其中以 ABS 塑料电镀最普遍。塑料是非导体，不能直接进行电镀，必须先进行化学镀使其表面有导电性。而在化学镀之前要进行一系列的表面处理过程。

(1) 化学除油：可用有机溶剂除油或碱液除油，ABS 塑料通常只用碱液除油。碱液为 $50\sim80g \cdot L^{-1}$ NaOH，$30g \cdot L^{-1}$ Na_3PO_4，$15g \cdot L^{-1}$ Na_2CO_3，$3\sim5mL \cdot L^{-1}$ 海鸥洗涤剂，在 $40\sim55℃$ 下浸 $30\sim40min$。

(2) 粗化：通过化学腐蚀使塑料的微观表面变得粗糙，从憎水变为亲水，提

高塑料基体与镀层的结合力。粗化液：$300\sim350g\cdot L^{-1}$ H_2SO_4，$350\sim400$ $g\cdot L^{-1}$ CrO_3，温度为 $60\sim70℃$，处理 $10\sim30min$。

(3) 敏化：使塑料表面吸附一层有还原能力的离子型物质，以便在活化处理时把催化金属还原出来。常用敏化液：$15\sim30g\cdot L^{-1}$ $SnCl_2$，$40\sim50mL\cdot L^{-1}$ HCl，处理时间 $3\sim5min$。

(4) 活化：使活化剂在塑料表面还原析出，形成一层有催化能力的贵金属。活化剂有 $PdCl_2$，$AgNO_3$ 等，但常用的是 $PdCl_2$ 和盐酸配制成的活化液。敏化后的工件放入 $PdCl_2$ 或 $AgNO_3$ 的溶液中，发生反应 $Pd^{2+}+Sn^{2+}\!\!=\!\!\!=\!\!Pd+Sn^{4+}$ 或 $2Ag^{+}+Sn^{2+}\!\!=\!\!\!=\!\!2Ag+Sn^{4+}$。

(5) 化学镀：使在塑料表面形成一层金属膜，以便进行常规电镀。通常先化学镀铜，镀液配方如：$15g\cdot L^{-1}$硫酸铜，$60g\cdot L^{-1}$酒石酸钾钠组成 A 液，$10g\cdot L^{-1}$氢氧化钠，$15mL\cdot L^{-1}$ 38%的甲醛组成 B 液，化学镀时将 B 液倒入 A 液中，pH 控制在 $10\sim12$，常温下搅拌进行化学镀。化学镀铜后可以进行电镀或化学镀镍。

4.5 其他典型的电镀工艺

电镀除单金属电镀外、还有合金电镀、复合电镀和熔盐电镀等几种类型，根据镀层应具有的性能不同，可选择不同类型的电镀方式。

4.5.1 合金电镀

随着科学技术的迅速发展，对材料的表面性质提出了多种多样的新要求，如计算机存储磁盘上的钴合金磁性镀层，铅锡合金焊接和具有超导性能的铟钛金镀层等。而有限的单金属镀层远不能适应工业生产和科技发展的需要，因此合金电沉积的研究不断获得发展。合金电镀能够赋予镀层一些特殊的力学性能和物理化学性能，但比通常的单金属电镀要复杂而困难，存在较大局限性，条件的控制更为苛刻。合金镀层与其组合金属镀层比较，常常具有较高的硬度，更强的耐蚀能力，较低的孔隙和较好的外观等。

例如：输油钢管电镀 Zn-Ni 合金在国外已大量应用于汽车、航空航天、造船、电缆桥架、水利工程和机械等工业，并颁布了有关行业的标准。在国内锌镍合金镀层主要用于中外合资生产的进口汽车部件、航空航天标准件、电缆桥架等，总体应用规模还很小。其中碱性体系电镀锌镍合金的碱性体系电镀锌镍合金镀液配方及工艺条件：

氧化锌　$8\sim12g\cdot L^{-1}$　　氢氧化钠　$80\sim140g\cdot L^{-1}$　　硫酸镍 $8\sim10g\cdot L^{-1}$
添加剂　$4\sim6ml\cdot L^{-1}$　　光亮剂　　$2\sim4ml\cdot L^{-1}$　　络合剂 $50\sim70ml\cdot L^{-1}$
温度　$15\sim25℃$　　阴极电流密度　$0.5\sim4.5A\cdot dm^{-3}$　　阳极：压延锌板
阴阳极面积比：$1:(0.5\sim1)$　　搅拌：阴极移动　过滤：$2\sim3$ 次循环$\cdot h^{-1}$

工艺流程：除油—热水洗—冷水洗—酸洗—冷水洗—冷水洗—装内阳极—电镀Zn-Ni合金—卸内阳极—水洗—吹干。

4.5.2 复合电镀

复合电镀是在电镀或化学镀的镀液中加入一种或多种非溶性的固体微粒，使其与主体金属（或合金）共沉积在基体上的镀覆工艺，得到的镀层称为复合镀层。已发现，固体粒子进入金属镀层可以显著增加镀层耐磨性，并赋予镀层一些特殊的性质。原则上可电镀的金属均可作为主体金属，但研究和应用得最多的金属有 Ni，Co，Cr，Ag，Cu，Au 等。

作为复合电镀中的固体微粒主要有三类：

第一类是提高镀层耐磨性的高硬度、高熔点、耐腐蚀的微粒，如 $\alpha, \gamma\text{-}Al_2O_3$，$SiO_2$ 等。

第二类是提供自润滑特性的固体润滑剂微粒，这类颗粒有聚四氟乙烯、氟化石墨 $(CF)_m$、石墨等。

第三类是提供具有电接触功能的微粒，如 WC，SiC，BN 等，这类复合镀层通常以 Au，Ag 为基质材料。

影响复合镀层质量的主要因素有：镀液的组成、电流密度及固体粒子的大小和浓度等。可以预见，随着复合电镀技术的提高，复合镀层将在润滑、催化、电和磁领域作为新材料得到广泛的应用。

例如 $Ni\text{-}\alpha\text{-}Al_2O_3$ 纳米复合电镀工艺：由于纳米颗粒具有表面效应、体积效应、量子尺寸效应、宏观量子隧道效应和一些奇异的光、电、磁等性质，在电沉积复合镀技术中引入纳米粒子代替微米粒子，可以使复合镀层的性能更加优异，为电沉积复合镀技术带来了新的机遇。

纳米复合镀镍液的组成如下：

硫酸镍 $280g \cdot L^{-1}$ 硼酸 $45g \cdot L^{-1}$ 氯化镍 $50g \cdot L^{-1}$

纳米 $\alpha\text{-}Al_2O_3$ 粉体：（平均粒径为34nm）适量   添加剂：适量

电镀工艺流程：除油—水洗—酸洗—水洗—电镀—水洗—钝化—水洗—干燥。

电镀步骤：

(1) 量取一定量的 ABN 纳米浆料与镀镍液，使其总体积为 2L，加入镀槽中。

(2) 放入已经洗净的阳极（2mm 厚的镍板）和阴极（3cm×5cm 的冷轧薄钢板），使阳极与槽壁紧贴，阴极用自制的挂具悬挂于镀液中。

(3) 接好线路，按下通气按钮，调节空气流量使其搅拌强度为所需值，然后调节控温按钮，使其显示屏上的控温读数为所需值，最后按下加热按钮，加热镀液。

(4) 待镀液温度达到所需值后，打开电源开关，调节电流旋钮使总电流为所需值，电镀 15min 后取出。

(5) 将试片用水洗净、吹干，观察镀层外观，进行性能测试。

4.5.3 熔盐电镀

熔盐电镀是指在熔盐介质中进行的一种电镀方式，在什么情况下采用熔盐电镀呢？金属在水溶液或有机溶液电镀中进行时，电流效率低，沉积速度慢，还有些金属则不可能在水溶液进行沉积，这时常采用熔盐电镀。

熔盐电镀具有以下优点：

(1) 熔盐电解液稳定性好，电镀过程副反应少，电流效率高；

(2) 阴极还原超电势低，交换电流密度大，电沉积速度快，能在复杂镀件上得到较为均匀的镀层；

(3) 镀层与基底结合力强，同时镀层有较好的抗腐蚀性能等。

熔盐电镀铝和铝合金的工艺：当前，世界上许多国家对熔盐电镀铝和铝合金技术进行研究和开发利用，美国、日本、法国等发达国家已在这方面做了大量的理论和实验工作，其中日本已有半应用性的钢板镀覆铝和铝合金的工业化实验。在我国目前还仅仅处于起步阶段。

(1) 熔盐净化

① 脱水。熔盐电镀对所用的熔盐纯净度要求较高，电镀前必须经过脱水处理。脱水时通入干燥的 HCl 气或 Cl_2 气，脱水时间为 1~2h。

② 除杂。熔盐中的杂质如 Fe、Ni 等，对电镀过程和镀层质量均有影响，故必须除去。除杂方法可以分为以下两种：一种是预电解法。采用惰性电极在低电流密度下电解 1~4h，另一种是化学置换法，往熔盐中加入高纯铝粉（99.8%），静置 3~7h。

上述处理过程均应在 N_2 气或 Ar 气保护下，镀覆温度下进行。

(2) 基材处理

① 除油。除油方法很多，有以下几种：有机溶剂除油、化学除油、电解除油。建议使用化学除油，用化学法配制除油液除油。

② 除锈。除锈的方法有机械法、化学法（酸洗）、电解腐蚀、金属的电抛光。建议使用化学法，用 30%（wt）的盐酸溶液除去基体表面的锈。

经常使用的无机熔剂有 KCl、NaCl 或二者的混合物。比较理想的为 KCl-NaCl 混合物，二者摩尔比为 1:1。

熔盐电镀铝和铝合金所用的熔盐为 KCl-NaCl-AlCl$_3$ 体系。二元合金或三元合金电镀时，可向其中适当添加 $MnCl_2$、$TiCl_2$、$CeCl_2$ 等金属氯化物。从而形成如 Al-Mn、Al-Ti、Al-Mn-Ti 等合金。

③ 活化处理。对于活性金属，如 Ti、Ni 等，要进行活化处理，以增强膜层与基底的接合力。活化方法一般采用以下两种：化学活化，在熔盐中浸泡 10~15min；电化学活化，以基材为阳极，在熔盐中大电流电解 1~2s。

熔盐电镀流程如图 4-2 所示。

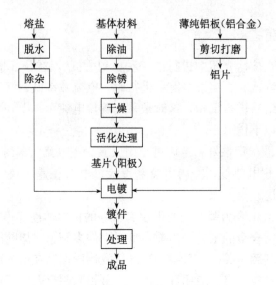

图 4-2　熔盐电镀流程图

4.6　金属阳极氧化

金属阳极氧化是指通过电化学氧化使金属表面生成一层氧化物膜的过程。这种生成的氧化物膜依靠降低金属本身的化学活泼性来提高它在环境介质中的热力学稳定性,从而达到作为金属制品防护层的目的。此外,阳极氧化得到的氧化物膜也可用于电解电容器的制造、增加金属制品的耐磨性和提高金属制品的绝缘性等。

4.6.1　金属阳极氧化原理

金属的阳极氧化是以金属作为阳极,根据电解条件的不同,可能经历下列几个不同的过程:

① 金属的阳极溶解,如 $Fe \longrightarrow Fe^{2+} + 2e$。

② 阳极表面形成极薄的钝化膜。

③ 阳极表面形成钝化膜的同时,伴随着膜的溶解金属以高价离子的形式转入溶液中;同时如果达到了氧的析出电势,则阳极还要析出氧。图 4-3 为铁在硫酸溶液中的阳极极化曲线。

金属表面氧化物膜的形成是一个复杂的过程,涉及物理、化学和电化学等诸多方面的因素。首先是反应物种的传质问题。对于金属的阳极化处理,由于阳极表面被氧化物膜所覆盖,反应要继续进行,不仅取决于阳离子在固相氧化物膜中的传质,而且还涉及到阴离子在液相中的传质。由于固相中离子传输要远较液相中慢,因此,固相传质在整个金属阳极化过程中起着十分重要的作用。对于氧化物膜的形成，一般认为是在阳极处理条件下，金属离子和含氧离子在固相中迁移时相互作用的结果。

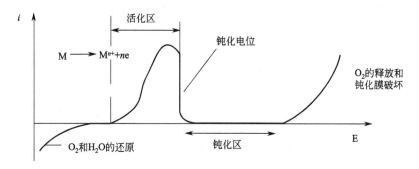

图 4-3　铁在硫酸介质中的阳极氧化曲线

如对于铝的阳极氧化，在阳极化过程开始时，金属表面生成的 Al^{3+} 和电解液中生成的含氧阴离子（R^+）发生下列反应：

$$2Al^{3+} + 3R^{2-} + 3H_2O \longrightarrow Al_2O_3 + 3H_2R$$

式中，R 为负二价的含氧酸根离子或 O^{2-}，在铝表面生成 Al_2O_3 膜；随阳极过程的不断进行，Al^{3+} 在电场作用下在 Al_2O_3 膜中迁移与膜/电解液界面迁移的 R^{2-} 物种相互作用，氧化铝膜不断生长。关于金属阳极氧化生成氧化物膜的理论很多，其中重要的有成相理论与吸附理论，前者认为是在阳极表面上形成了一层致密的氧化物膜，其厚度约为 $10^{-10} \sim 10^{-9}$ m，而后者则认为在阳极表面上形成了氧的吸附层。

4.6.2　铝的阳极氧化

通过阳极氧化方法在铝及其合金表面形成的氧化物膜，不但具有良好的力学性能，而且耐蚀性和吸附涂料与颜料的能力都十分优异，已在许多领域得到了应用。氧化铝膜的形成不仅与电势有关，还与溶液的 pH 有关，其有效的 pH 范围为 $4.45 \sim 8.58$。

铝及其合金的阳极氧化视生成的氧化膜用途的不同，一般可分为防护装饰性阳极氧化、电绝缘性阳极氧化、抗磨性阳极氧化和氧化着色等。对于防护装饰型铝及其合金的阳极氧化，要求产生的氧化物膜达到一定厚度以上才能具有一定的防护性能。这类氧化物膜的形成，一般是在溶解能力高的硫酸、铬酸、草酸或磷酸等电解液中实现的。

例如对于 $10\% \sim 20\%$ 的硫酸电解液，铝及其合金的阳极氧化，一般电解条件为：电流密度 $190 \sim 250 A \cdot dm^{-2}$，工作温度为 $15 \sim 25 \degree C$，电解时间为 $20 \sim 60 min$。阳极氧化时一般采用通直流电的方式，施加电压视电解液的导电性、温度以及溶解于其中的铝的含量而定，大致为 $12 \sim 28V$。在铝及其合金的阳极化过程的所有影响因素中，起主导作用的是硫酸的浓度和工作温度。当阳极极化在较低的硫酸浓度和温度下进行时，可以得到较厚和较硬的膜层。若同时提高电流密度，则膜层硬度虽可进一步得到提高，但膜层易产生缺陷，导致氧化物膜防护性能下降。当电解液的浓度和温度一定时，氧化膜的厚度取决于所用的电流密度和氧化时间，即氧化电量，所以常用通过电量来控制膜层的厚度。需要指出的是，为了改善膜层性能和扩大工作温度范围，出现了改进型硫酸阳极化的方法。这些方法所用的电解液大都以硫酸为主，但添加了某些无机盐或有机盐。如在20％～25％的硫酸介质中添加了15％～20％的甘油，可以得到韧性较好的软膜层；加入硫酸铵、乙酸等亦有同样的效果。添加能使溶解能力降低的某些有机二元羧酸（如草酸），可得到较厚的和较硬的氧化物膜；同时由于添加剂的加入，电解液容许的工作温度亦有所提高。

对于电绝缘型铝及其合金的阳极化，要求产生的氧化物膜薄且致密，具有高的绝缘性，一般用作电解电容器的介电材料。这类氧化物膜的形成一般是在溶解能力十分低的电解液，如硼酸、酒石酸、柠檬酸和其他弱酸或它们的盐溶液中实现的。制造电解电容器用的铝薄板的阳极氧化有两种方法，即一步法和两步法。一步法普遍采用添加少量硼酸或氨水的硼酸溶液，其浓度视电容器的额定工作电压而定，额定工作电压高，则电解液的浓度要略稀。电解液的温度为 85～105℃，阳极氧化的电流密度较低，为维持电流密度恒定，氧化过程中电压必须逐渐提高，但最高不得超过由电解电容器的额定电压的 10％～15％。当阳极电压达到规定的最高值时，阳极氧化转变为恒压下进行，此时电流密度逐渐下降，直到降低到 0.1～1.0mA·dm^{-2}（对于平滑表面）和 1.5～2.0mA·dm^{-2}（对于粗糙化表面）的数值，则过程停止。两步法是铝板先在具有中等溶解能力的电解液（如 5％～10％的草酸）中阳极化，然后在低浓度的电解液（如 1％硼酸）中再次进行阳极化。需要说明的是，对于作为电解电容器用的铝板，为了使电解铝板具有一定的电容值，需在阳极化处理前使铝板先粗糙化，以增加表面积；同时，对铝板和电解液的纯度要求亦十分严格，只有高纯度的铝板才能制得致密的膜层，对电解液的污染最为敏感的氯离子则不得超过 2ppm（$1ppm=1\times10^{-6}$）。

对于抗磨性铝及其合金的阳极化，要求产生的氧化物膜硬度高，耐磨性好。这类氧化物膜一般可通过再低浓度的硫酸（或草酸）电解液和低的工作温度下阳极氧化而得到。较为传统的方法是用 20％硫酸电解液在 1～3℃下，当电流密度为 200～500A·m^{-2} 且电压从 23V 增至 120V 时，在纯铝上经 4h 阳极化可以得到厚度达 200μm 的硬膜。实验研究发现，氧化物膜的硬度与温度、电解液浓度和电流密度等有关，在 0℃附近所得膜层具有最高硬度，同时，在相同温度条件下，较低浓度的电解液得到的膜层硬度较高，但如果浓度低于 10％，电解液的导电性则显著降低，电流效率显著降低。因此，目前较为盛行的硫酸浓度范围为 10％～15％。此外，在电解液浓度和温度恒定的条件下，若以获得相同厚度的膜层为条件，则采用高的电流密度有利于得到较硬的阳极化膜。

铝及其合金的阳极氧化着色是指通过阳极氧化方法得到多孔的氧化物膜后，利用膜表面的吸附性能，吸附无机颜料或有机染料，使膜表面染色。阳极氧化着色分为一步着色和两步着色两种。

4.6.3　钛的阳极氧化

钛及其合金是一种质轻、刚度大、硬度低、耐蚀性强的特殊金属材料，具有许多优良性能，在国外尖端科技领域和民用工业方面均广泛使用。但尽管钛及其合金在许多独立的环境中具有极强的抗蚀性能，但在与其他金属接触共存时，会产生危害性很大的接触腐蚀。虽然钛材在空气中产生的自然氧化膜具有一定的抗蚀性，但其耐磨、硬度、厚度等各方面的综合性能都不能达到实际应用需要。因此，必须对其表面改性处理，基本方法是电镀和阳极氧化。

据介绍，钛及其合金的阳极氧化主要分为两个方面：一是功能性阳极氧化，以提高基体耐蚀性能和力学性能（如耐磨、润湿等）为目的；二是装饰性阳极氧化，以改变材料外观，使其具特殊的色调，起到高级装饰作用。

钛材的阳极氧化有其特殊性，因为它不像铝材那样具有优良的导电性，其氧化膜的产生需要更强的外来动力。阳极氧化的具体方法各有特色，而且还在进一步研究发展中。为实用起见，现介绍一种成熟的钛合金脉冲阳极氧化方法——钛合金脉冲阳极氧化法。

钛合金脉冲阳极氧化的目的是提高抗摩擦性，预防铝合金、镁合金、镀镉或镀锌零件及其他负电性材料的接触腐蚀，提高基体的表面硬度，增加润滑作用。主要步骤为：前处理→夹具准备→脉冲阳极化→后处理。

前处理：除了氧化皮的钛合金需要机械清理或专门酸洗外，一般钛合金零件经过除油以后即可以直接实施阳极氧化。除油后一定要用热水洗，然后冷水洗，使碱液彻底清洗干净。

夹具准备：夹具材料采用纯钛制成所需形状后，先对其进行阳极化，以免夹具与零件一起阳极化，减少被加工零件的有效负荷。但是必须注意，夹具阳极化后，一定要将与零件接触的导电部位的阳极化膜清理干净，以保证良好和足够的导电能力。可以用机械方法或在含亚硝酸和氢氟酸的混合溶液中腐蚀的方法来去除氧化膜。

脉冲阳极化：脉冲阳极化的槽液组成及工艺条件如下：电解液为磷酸（$d=1.7$）$17\sim34$g·L^{-1}，硫酸（$d=1.8$）$368\sim386$g·L^{-1}，温度为$0\sim10$℃，电压为$80\sim90$V，电流密度A为$5\sim10$mA·dm^{-2}，脉冲频率为$40\sim120$脉冲/min。

阳极化初始阶段数值以$A=1\sim2$A·dm^{-2}在$1\sim1.5$min内上升到氧化电流，然后恒电流阳极化。进行阳极化的时间取决于材料成分和阳极氧化的电流密度。在各种具体情况下，达到最终阳极化膜厚度$2\sim3\mu m$所需要的时间，如表4-1所示。

表 4-1　膜厚达到 2～3μm 所需的氧化时间　　　　单位：min

电流密度	1A·dm^{-2}	2A·dm^{-2}	5A·dm^{-2}	电流密度	1A·dm^{-2}	2A·dm^{-2}	5A·dm^{-2}
TA1	75～125	40～60	15～25	TC8,TC9	50～60	20～30	10～15
TC2,TA6	100～150	50～75	20～30	TC6	45～65	25～35	10～15
TC4	75～100	40～50	15～20				

以上是国产材料的阳极化情况。必须注意的是，阳极化电流密度越大，槽压越高，对人身安全危害越大，必须有强有力的安全保护措施。

从上述阳极氧化的情况来看，必须具备一些必要的基础设备：

(1) 具备相应脉冲指数的整流电源。除电源的电流应符合生产要求外，电源的输出电压必须达到很高的指数。如果按上述阳极化工艺要求来确定，可定为150V。而事实上钛合金的阳极氧化可在更高的电压下进行。当电流密度为 5～10 A·dm^{-2} 时，输出电压可高达 250V，这时阳极化的时间可在十几分钟内完成。最后电压为何值可根据设备情况及安全措施来决定。

(2) 由于阳极化的温度为 0～10℃，钛合金阳极化过程又是放热过程，所以必须有相应的制冷设备及槽液措施。通常采用无油压缩空气强烈搅拌，故还须配备空气压缩机。

值得指出的是，使用不同型号或品质的材料，阳极氧化的时间也不同，而且达到同样膜厚所需的电流密度也不完全相同，所以可根据具体情况来确定最佳工艺参数。电源输出电压高，可采用 90～250V 氧化 10～15min；电源输出电压低时，可采用 80～90V，按上述工艺条件氧化。由于安全电压为 36V 以下，而钛合金阳极化电压远远超出这一规定值，所以在阳极化过程中，严禁赤手触摸阳极化零件和设施，而且必须有一套严格保护隔离措施。阳极化后膜层呈各种深浅不同的灰色，视具体材料而定。阳极化膜不许有未阳极化部位、烧痕及擦痕，当然夹具部位除外。

4.7　电泳涂装技术

电泳涂装（electrophoretic coatings，简称 EC）技术是把水溶性的带有正电荷或负电荷的阳、阴离子树脂的电泳漆通过类似金属电镀的方法覆到金属表面，从而对金属进行精饰的一种电镀方法。与金属电镀不同的是，电泳漆溶液中待镀的阴、阳离子是有机树脂，而不是金属离子。电泳涂装以水为溶剂，价廉易得；有机溶剂含量少，减少了环境污染和火灾；得到的漆膜质量好且厚度易控制，没有厚边、流挂等弊病，同时涂料利用率高，易于自动化生产，正是由于这些优点，电泳涂装已广泛应用于汽车、自行车、电风扇等金属表面的精饰。电泳涂装分为阳极电泳和阴极电泳两大类。

4.7.1　阳极电泳涂装

阳极电泳涂装（anodic electrophoretic coatings，简称 AEC）是以被镀金属基

底作为阳极，带电的阴离子树脂在电场作用下进行定向移动，从而在金属表面实现电沉积的方法。阳极电泳涂装的阴离子树脂主要为丙烯酸系列。对于阳极电泳过程，阳极反应可能伴随有氢气的析出和金属的氧化，电泳过程表示为：

$$2H_2O \longrightarrow 4H^+ + O_2 \uparrow + 4e$$

$$\downarrow RCOO^- \text{（阴离子树脂和包容的颜料等）}$$

$$RCOOH \text{（不溶性树脂析出）}$$

$$M \longrightarrow M^{n+} + ne$$

$$\downarrow RCOO^-$$

$$(R-COO)_n M \text{（树脂析出）}$$

阳极反应：$\qquad 2H_2O + 2e \longrightarrow 2OH^- + H_2$

阳极电泳涂料的使用源于 20 世纪 60 年代，开始仅用于汽车的底漆。现供一般用途取代烤漆，可作为各种家用电器、五金零件等的良好面漆，尤其是作为需要较高光泽的产品如排油烟机、烘干机、铝门窗和工具箱等的面漆。目前阳极电泳涂料仍占电泳漆市场的三分之一左右。

4.7.2　阴极电泳涂装

阴极电泳涂装（cathodic electrophoretic coatings，简称 CEC）是以水溶性阳离子树脂为成膜基料，以工件作为阴极，从而在金属表面实现电沉积的一种电镀方法。阴极电泳涂装的阳离子树脂电泳漆主要为环氧树脂系列和异氰酸酯的混合物。环氧树脂中含有活泼环氧基团，易与有机胺形成环氧加成物，而这些环氧胺加成物具有碱性，与酸类物质形成溶于水的铵盐，这样可得到阳离子树脂。同时，环氧树脂中还含有大量活泼羟基，易与异氰酸酯中异氰酸根反应，这样漆膜性能可得到进一步加强。环氧型阳离子树脂在阴极还原时形成不溶于水的涂层。阴极电泳过程如下。

阴极反应：$\qquad 2H_2O + 2e \longrightarrow 2OH^- + H_2 \uparrow$

$$\downarrow R_3 NH^+ \text{（阳离子树脂）}$$

$$R_3 N \text{（树脂析出）} + H_2O$$

阳极反应：$\qquad 2H_2O \longrightarrow 4H^+ + O_2 \uparrow + 4e$

阴极电泳涂装是 20 世纪 70 年代美国 PPG 公司率先开发成功的，已被广泛用于汽车的底漆和面漆，也可作为各种家用电器、五金零件等的良好底漆或作为不反光产品的面漆。阴极电泳漆除具有电泳涂装的一般优点之外，与上述以工件作阳极的电泳涂装技术相比，既避免了金属离子渗入涂层，从而可得到各种雅致的浅色漆，又避免了金属表面的氧化，因而进一步提高防腐蚀性能，同时，电沉积树脂为碱性，防锈性能佳。目前，该技术在汽车上已得到大规模应用。表 4-2 列出了阴极电泳和阳极电泳涂装特性和漆膜性能的比较。在电泳涂装方面，中、厚涂层和低有机溶剂或无有机溶剂的阴极电泳涂料是其发展方向。

表 4-2 AEC 与 CEC 电泳特性和漆膜性能比较

类别 性质		AEC 丙烯酸树脂系列 电泳涂料	CEC 环氧树脂系列电泳涂料	
			厚涂层涂料	薄涂层涂料
电泳特性	前处理	以磷酸铁皮膜化成为主	以磷酸锌皮膜化成为主	磷酸锌皮膜
	固体成分/%	9～11	15～21	14～16
	颜料比	5～50(依颜色而异)	15～25	15～25
	pH 值	8.7～9.1	6.0～6.3	5.2～5.5
	电导率/S·cm^{-1}	600～800	1000～1600	900～1000
	有机溶剂含量%	1.0～2.0	< 2.5	3～4
	电泳温度/℃	25～30	24～28	25～27
	涂装电压/V	50～150	100～300	150～200
	通电时间/s	60～120	60～80	
漆膜性能	烘烤前	漆膜仍具有黏性,不能接触	漆膜干硬,可接触	
	烘烤温度/℃	160～175	180	165～175
	烘烤时间/min	20	20	20
	铅笔硬度	H～2H	3～4H	H～2H
	标准厚度/μm	15～30	20～35	20～30
	光泽度(60)	20～85	20～70,(随烘烤时间变化)	20～85
	耐蚀性	96h 以上	500h 以上	336h 以上
	耐候性	良好,不粉化	半年后粉化,需加面漆	良好

参 考 文 献

[1] Hui Yang, Tianhong Lu and Kuanghong Xue et al. , J. Appl. Electrochem . 1997, 27, 428.

[2] 吴水清, 电镀与环保, 1999, 19 (4), 3.

[3] 舒余德, 张绍, 唐瑞仁, 彭世恒, 李劲风, 电镀与环保, 1999, 19 (6), 5.

[4] 王丽丽编译, 电镀与精饰, 1997, 19 (4), 42.

[5] 彭群家, 马昌生, 电镀与环保, 1998, 18 (6), 3.

[6] 朱诚意, 郭忠诚, 刘中华, 电镀与环保, 1998, 18 (1), 3.

[7] 邓纶浩, 郭忠诚, 电镀与环保, 1999, 19 (2), 3.

[8] 陈亚, 苗艺, 电镀与环保, 1999, 19 (3), 3.

[9] 黄奇松编著, 铝的阳极氧化, 香港万里书店, 1981.

[10] 何文芳, 电镀与环保, 1998, 18 (6), 26.

[11] 薛宽宏, 杨辉, 周益明, 厚涂层阴极电泳漆的聚氨酯环氧阳离子树脂, 中国发明专利, ZL93111575.2.

第5章　无机物的电解制备

5.1　基础知识

电解合成方法的优点：

(1) 污染少，电子是清洁的反应试剂。电合成中一般不用外加化学氧化剂或还原剂，杂质少，产品纯；

(2) 可在常温常压下进行。电合成主要通过调节电位去改变反应的活化能；

(3) 易控制反应的方向。通过控制电势，选择适当的电极等方法，易实现电解反应的控制，避免副反应，得到所希望的产品；

(4) 电化学过程的电参数便于数据采集，生产过程容易自动化控制，电解槽可以连续运转。

电化学合成的缺点：

(1) 消耗大量电能。例如每生产 1t 铝耗电 $18500kW \cdot h^{-1}$，生产 1t 氢氧化钠耗电 $3150kW \cdot h^{-1}$，电解锌每吨耗电 $6000kW \cdot h^{-1}$；

(2) 占用厂房面积大。由于生产中要同时用许多电解槽，一些前处理还要占用厂房等，另外，要实现各槽在相同条件下运行，需较高的技术水平和管理水平；

(3) 有些电解槽结构复杂，电极间电器绝缘，隔膜的制造、保护和调换比较困难；

(4) 电极易受污染，活性不易维持，阳极尤易受到腐蚀损耗。

目前可根据下述情况考虑采用电合成方法：

① 没有已知的化学方法；

② 已知化学方法步骤多或产率低；

③ 化学方法采用的试剂价格太贵；

④ 现有化学方法工艺流程大批量生产有困难，或经济不合算，或者污染问题未解决。

5.1.1 无机物电合成简介

最重要的无机电化学工业是电解食盐水溶液制取氢氧化钠、氯气和氢气，因为氢氧化钠和氯都是属于支撑现代化学工业的基本化学产品。氯碱是电解产量最大的产品，世界年总产量达到近 5000 万吨。制造氯气也有用电解盐酸的方法，但是规模不大。

电解水主要是制取氢气，用于有机物氢化、制造半导体、制取高纯金属、合成氨。但若大规模生产，较之从水煤气中分离氢出来的费用更大；电解水还可制取重水。因重水对中子吸收很少，且具有使高速中子减速的良好性能，故在重水型原子反应堆中被用作中子减速剂。再者将来可望作为能源的核聚变反应，重水是其燃料，因此制取重水越来越引起人们的重视。

利用电解方法可以制取许多其他的无机化合物，例如，高锰酸钾、过氧化氢、铬酸、二氧化锰、氧化亚铜、臭氧、氟等，这些多属强氧化剂或具有很高活性的化合物，一般生产规模不大。

电化学合成新材料，包括纳米材料、电极材料、多孔材料、超导材料、复合材料、功能材料等。

5.1.2 几个重要的概念和术语

(1) 电流效率 η_I 与电能效率 η_E。为了衡量一个产品的经济指标，常需计算 η_I、η_E。电解时产物的实际产量往往小于理论产量，因为一部分电流消耗在副反应上，也有部分电流用于克服电阻而发热，于是提出效率的问题。电流效率 η_I 是制取一定量物质所必需的理论消耗电量 Q 与实际消耗电量 Q_r 的比值：

$$\eta_I = \left(\frac{Q}{Q_r}\right) \times 100\% \qquad (5-1)$$

式中，Q 可按法拉第定律计算：

$$Q = \left(\frac{m}{M}\right) \times zF$$

式中，m 为所得物质的质量，M 为所得物质的摩尔质量，z 为电极反应式中的电子计量数，F 为法拉第常数。实际消耗电量可通过下式计算：

$$Q_r = It \qquad (5-2)$$

式中，I 为电流强度，t 为通电时间。

电能效率 η_E 是为获得一定量产品，根据热力学计算所需的理论能耗与实际能耗之比。电能 W 等于电压 V 和电量 Q 的乘积，即：

$$W = VQ \qquad (5-3)$$

实际能耗 W_r 等于电压 V 和实际耗电量 Q_r 的乘积，即：

$$W_r = VQ_r \tag{5-4}$$

理论能耗为理论分解电压 E_e 和理论电量 Q 的乘积，即

$$W = E_e(m/M)zF \tag{5-5}$$

(2) 槽电压 V。外电源加在电解槽的两极的电压（或称电 势）就是槽电压 V。理论分解电压 E_e 即没有电流流过电解槽时的槽电压 $E_e = \varphi^{\pm} - \varphi^-$，而实际电解时，一定有电流流过电解槽、电极发生极化，出现了超电势 η，还有溶液电阻引起的电位降 IR_{sol} 和电解槽的各种欧姆损失，其中包括电极本身的电阻、隔膜电阻、导线与电极接触的电阻等。所以，实际的槽电压大于理论分解电压，计算槽电压的一般公式为：

$$V = E_e + |\eta_A| + |\eta_C| + IR_{sol} + IR \tag{5-6}$$

(3) 时空产率。时空产率（STY）指单位体积的电解槽在单位时间内所生产的产品的数量。通常以 $mol \cdot L^{-1} \cdot h^{-1}$ 为单位。与流过单位体积反应器的有效电流成正比，因此它与电流密度（超电势、电活性物质的浓度和质量传输方式）、电流效率和单位体积电极的活性表面积有关。电解槽的时空产率比其他的化学反应器的时空产率要低；例如，典型的铜电解沉积槽的时空产率仅为 $0.08kg \cdot L^{-1} \cdot h^{-1}$，而一般化学反应器的时空产率在 $0.2 \sim 1.0kg \cdot L^{-1} \cdot h^{-1}$ 之间。因此，在电化学工程研究中常常通过改进电解槽的设计（例如引入流化床电极）来提高时空产率。

5.2 氯碱工业

电解氯化钠水溶液生产烧碱、氯气、氢气，是电解工业中生产规模最大的，又称氯碱工业。据 20 世纪 80 年代的资料，美国年产氯碱 $10^7 t$，英国年产氯碱 $1.7 \times 10^6 t$。在国外 以 50%NaOH 的水溶液为烧碱的商品规格，它和液态氯同为氯碱工业的主要产品，而氢则是副产品，因电解氯化钠水溶液制氢不如水煤气制氢法制氢来的经济，但电解制氢得到的氢纯度较高。

烧碱主要用作化工原料，约占生产量的一半，另有 15% 用于纸浆生产，其他方面用途占 35%。氯碱工业在产量上是仅次于硫酸和化肥的重要无机化学工业。

从 1890 年第一只食盐水电解槽问世以来，氯碱工业已有 100 多年的历史。20世纪 60 年代以后氯碱工业迅猛发展，这一方面是由于科学技术的革新，另外也是由于经济上的节能要求和社会上的防止污染、环境保护安全标准的提高。目前同时存在三种电解生产方法，彼此都在竞争中发展，都有自己的市场，这在别的电解工业中是罕见的。三种方法采用的电解槽式样分别为隔膜槽、汞槽和离子膜槽。它们在能量消耗方面的差别不大，但从槽的结构、性能、维护和投资等方面来看，它们各有特点，离子膜槽是最新的一种，从长远看，有取代另两种电解槽的趋势。现分

别介绍如下。

5.2.1 隔膜槽电解法

5.2.1.1 电解反应

阳极： $\qquad 2Cl^- \longrightarrow Cl_2 + 2e^- \qquad \varphi^\theta = 1.36V$

阴极： $\qquad 2H_2O + 2e^- \longrightarrow H_2 + 2OH^- \qquad \varphi^\theta = -0.83V$

则理论分解电压： $\qquad E_e^\theta = 1.36 + 0.83 = 2.19V$

总反应： $\qquad 2NaCl + 2H_2O \longrightarrow 2NaOH + Cl_2 + H_2$

电解时，阴极溶液约含 NaCl $4.53 mol \cdot L^{-1}$，NaOH $2.5 mol \cdot L^{-1}$，在阳极可能放电的离子有 Cl^{-1}、OH^{-1}，在阴极可能放电的离子有 Na^+ 和 H^+，以下分别计算其平衡电极电势和析出电势：

$$\varphi_{Cl_2 | 2Cl^-} = 1.36 - 0.05915 \lg a_{Cl^-}$$
$$= 1.36 - 0.005915 \lg 4.53 \times 0.672$$
$$= 1.33V$$

设阳极液为中性，$p_{O_2} = 101.3 kPa$，则

$$\varphi_{\frac{1}{2}O_2/OH^-} = 0.401 - 0.05915 \lg 10^{-7} = 0.82V$$
$$\varphi_{H_2O/H_2} = -0.828 - 0.5915 \lg a_{OH^-}$$
$$= -0.828 - 0.5915 \lg 2.5 \times 0.73$$
$$= -0.843V$$

溶液中 Na^+ 的浓度 $c_{Na^+} = c_{NaCl} + c_{NaOH} = 4.53 + 2.5 = 7.03 mol \cdot L^{-1}$

故 $\qquad \varphi_{Na^+/Na} = -2.73 + 0.05915 \lg 7.03 = -2.68V$

在考虑超电势，若电解时采用铁磁石，石墨阳极，则可查知，但 $I = 1000A \cdot m^{-2}$ 时，

$$\eta_{H_2, Fe} = -2.73V, \eta_{Cl_2, 石墨} = 0.25V, \eta_{O_2, 石墨} = 1.0V$$

各物质的析出电势为： $\eta_{H_2, 析} = -0.843 - 0.39 = -1.233V$。若 $\eta_{Na, 析} < -2.68V$，考虑 Na 在阴极上的超电势，则析出电势更负；

$$\eta_{O_2, 析} = 0.82 + 1.0 = 1.82V$$

根据以上计算可知，在阳极上先析出 Cl_2，阴极上放出 H_2，即 Na^+ 不放电，而是浓度极小的 H^+ 放电，从而破坏 H_2O 的电离平衡，使 OH^- 在阴极部积聚起来，成为 NaOH 溶液。

另外，考虑可能的副反应主要是在阳极室发生，析出的 Cl_2 与水反应：

$$Cl_2 + H_2O == HCl + HClO$$

部分碱从阴极扩散过来发生反应：

$$HClO + NaOH == NaClO + H_2O$$

并可进一步反应生成氯酸盐：

$$NaClO + 2HClO \Longrightarrow NaClO_3 + 2HCl$$

此外，ClO^- 在阳极发生氧化反应：

$$6ClO^- + 6OH^- \Longrightarrow 2ClO_3^- + 4Cl^- + 3[O] + 3H_2O + 6e$$

所生成的新生态氧可与石墨阳极作用生成 CO 或 CO_2 而使石墨受到损耗。副反应的结果是使 Cl_2 和 NaOH 白白地消耗，既费电又降低电流效率，还使产品的纯度下降，故在生产中要尽可能地抑制副反应发生。

5.2.1.2 电解槽

阳极材料的选择，由于阳极室有氯气、新生态氧、盐酸和次氯酸等存在，故要求阳极材料具有很高的耐腐蚀性，同时要有较低的氯超电势、较高的氧超电势及良好的导电性和机械加工性能。铂是理想的阳极材料，但价格昂贵，损耗大（$0.2 \sim 0.4$g Pt/t Cl_2）。也曾使用过磁铁矿电极，其耐腐蚀性好，但导电率低，性脆，不易加工。石墨电极作用的最长，无论是导电性、机械加工性能都好，缺点是氯超电势高，而且有 OH^- 放电析出氧，从而使石墨电极本身受氧化而损失，通常生产 1t Cl_2 要损失 1kg 石墨电极。20 世纪 60 年代后，研制出一种形隐阳极（DSA），它以钛为基底，涂镀 TiO_2，RuO_2 加催化剂（Pt，Ir，Co_3O_4，PbO_2 等），其电极可表示为：Ti/$TiO_2 \cdot RuO_2^+$ 催化剂，其最大特点是不受腐蚀，尺寸稳定，寿命长，氯超电势很低，而氧超电势却高，因而所得 Cl_2 很纯，而且槽电压也很低，降低电能消耗达 10%，提高设备生产能力达 50%。

阴极材料一般都采用软钢，上面穿孔或采用钢网阴极。如使用得当，寿命可超过两年。喷砂处理软钢使其表面粗糙，可降低超电势 100mV。用各种方法在电极表面涂上活性镍合金，可使氢超电势降低到 150mV 左右。从释氢活性阴极研究的进展来看，有希望把氢超电势减小到 $20 \sim 50$mV。

电极的物理结构也很重要，常应用扩张的金属网电极或金属板上开通气缝，使气体按规定方向迅速逸出。气体在溶液中的大量积聚，会减少导电液体的体积，增加溶液的欧姆电势降损耗。

5.2.1.3 隔膜

为防止 OH^- 进入阳极室，减少副反应，通常在阳极和阳极之间设置隔膜，一般采用几毫米厚的石棉隔膜，以减小电阻率、阻止两极的电解产物混合，但离子可以通过，食盐水从阳极室注入并以一定流速通过隔膜进入阳极室，以控制 OH^- 进入阳极室。垂直隔膜式电解槽如图 5-1 所示，隔膜法生产流程见图 5-2。

隔膜电解槽法的不足主要表现在：

(1) 所得碱液稀，约 10% 左右，需浓缩至 50% 才能售出；

(2) 碱液含杂质 Cl^-，经浓缩后约至 1% 左右；

(3) 电解槽电阻高，电流密度低，约 0.2A·cm^{-2}；

(4) 石棉隔膜寿命短，常只有几个月至一年左右，因此常需更换。

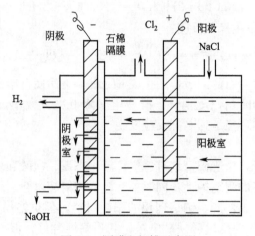

图 5-1　隔膜电解槽示意图

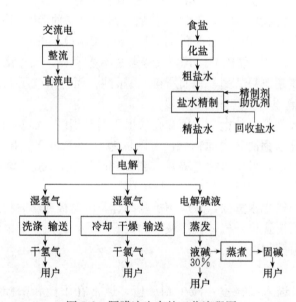

图 5-2　隔膜法生产的工艺流程图

5.2.2　汞槽电解法

5.2.2.1　电解反应

汞槽阳极用石墨或 DSA，故反应为：

$$Cl^- \longrightarrow (1/2)Cl_2 + e \qquad \varphi^{\theta} = 1.36V$$

阴极用汞，由于氢在汞上有很高的超电势，故 H^+ 不易在阳极上放电，而 Na 可与汞生产汞齐。因而降低了 Na^+ 的析出电位，使其可以在汞阴极上析出，反应为：

$$Na^+ + nHg + e \longrightarrow NaHg_n(汞) \qquad \varphi^\theta = -1.90V$$

电解槽的总反应为：

$$NaCl + nHg + e \Longrightarrow \frac{1}{2}Cl_2 + NaHg_n \qquad \varphi^\theta = 3.26V$$

汞齐的浓度约为 0.25%～0.5%，不能大于 0.7%，否则形成固相，不利于电解操作。生成的汞齐靠重力自动进入解汞器，加水分解，温度控制在80～90℃。

$$NaHg_n + H_2O \longrightarrow \frac{1}{2}H_2 + NaOH + nHg$$

在解汞器中加入 Ni，Fe 等石墨小球作为催化剂能加速汞齐的分解，实际是按电化学机理分解：

$$NaHg_n \xrightarrow{C} Na^+ + e + nHg$$

$$H_2O + e \xrightarrow{Fe} \frac{1}{2}H_2 + OH^-$$

它们是腐蚀性电化学反应，大量放热，其电能也未加以利用。汞槽法电解的最终产物还是 Cl_2、O_2、NaOH，但纯度大大提高。

阳极反应：
$$Cl^- \longrightarrow \frac{1}{2}Cl_2 + e$$

$$\varphi_阳 = 1.36 + (RT/F)\ln(p_{Cl_2}^{\frac{1}{2}}/\alpha_{Cl^-})$$

阴极反应：
$$Na^+ + e + nHg \longrightarrow NaHg_n$$

$$\varphi_阴 = -1.90 + (RT/F)\ln(\alpha_{Na^+}/\alpha_{Na})$$

式中，α_{Na} 为汞齐中钠的活度。

故理论分解电压：
$$E = \alpha_阳 - \alpha_阴$$
$$= 1.36 - (-1.90) - (RT/F)\ln(\alpha_{Na^+}/\alpha_{Na}) +$$
$$(RT/F)\ln(p_{Cl_2}^{\frac{1}{2}}/\alpha_{Cl^-})$$

在 $p = 101.325kPa$，298K 时，若取已知 $\alpha_{\pm NaCl} = \alpha_{Na^+} = \alpha_{Cl^-}$，上式可化为：

$$E = 3.26 - (2RT/F)\ln(\pm\alpha_{NaCl}) + (RT/F)\ln\alpha_{NaCl}$$
$$= 3.26 - 0.118\lg m\gamma_{\pm NaCl} + 0.059\lg\alpha_{Na}$$

可知，汞槽的理论分解电压与温度、压力、食盐水的活度、汞齐中钠的活度有关。计算表明，汞槽法的理论分解电压要比隔膜槽法高出 1V 左右，故此法能耗高。

5.2.2.2 电解槽

汞电解槽的结构原理如图 5-3 所示，表 5-1 给出两种汞槽电解的工作特性，其中一种采用石墨阳极，另一种采用 DSA 阳极，从表 5-1 中可以看出这类电解槽工作的具体条件，产品质量和能量损耗情况，并可看到使用 DSA 的优点。

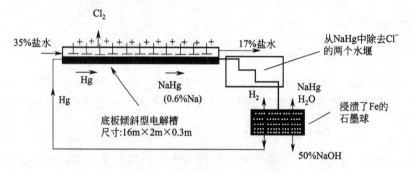

图 5-3　汞槽和汞循环路线示意图

表 5-1　两种汞电解槽的特征（90t/Cl_2/天）

特　性	石墨阳极槽	DSA 阳极槽	特　性	石墨阳极槽	DSA 阳极槽
安装电解槽数目	50	15	解汞池型式	竖式	竖式
操作电解槽数目	50	15	钠汞池含钠量/%	0.2~0.3	0.2~0.3
电流/A	60000	200000	电解槽结构材料底	钢	钢
最大通过电流/A	72000	240000	边	橡胶的钢	橡胶的钢
阳极面积/m^2	7.5	15.4	顶	3,2mm	5.3mm
阳极电流密度/A·m^{-2}	8000	13000		柔软橡胶	柔软橡胶
阴极电流密度/A·m^{-2}	7600	12500	每槽中的阳极数目	28	28
平均槽电压/V	4.1	3.95	每槽中汞的重量/kg	990	1930
电流效率/%	95~97	97~98	阳极寿命/月	12	18~24
能耗(Cl_2)/(kW·h/t)	3225	3050	石墨损耗量(NaOH)/(kg/t)	2.0	无
占地面积(Cl_2)/(m^2/t)	10.9	5.3	汞损耗量(Cl_2)/(kg/t)	0.1~0.15	0.05~0.075
池底倾斜/(mm/m)	10	15	氯中含氢/%	0.1~0.5	0.1~0.2

　　汞槽法的主要优点是得碱液的浓度高，接近 50%，可直接作为商品出售，而且纯度高，几乎不含 Cl^-。其直流电能消耗虽高，但它不需要蒸发浓缩碱液的后处理操作，故每吨碱的总能耗仍和其他二法相仿，而且对食盐水的净化要求不像隔膜槽那样高。从生产能力上看，汞槽的优越性是所用电流密度大，而且可大幅度地变化，可避开城市用电高峰，随时调整电流密度。汞槽的主要缺点是有汞毒污染环境，必须严格控制排放污水中的汞含量，按时检查操作工人健康情况，加强劳动保护措施。汞的价格贵，投资大是它的另一缺点。

5.2.3　离子膜槽电解法

　　原理和电极材料等皆和隔膜相同，所不同的是以离子交换膜（或称离子选择性透过膜）代替隔膜。石棉隔膜只是一种机械的隔离膜，可防止液体的自由对流和电解产物混合，但不能阻止离子的相互扩散和迁移。离子交换树脂压制成，国外已生产出能适用于氯碱电解槽的全氟化高聚物离子交换膜，此类膜的特点是只许 Na^+ 透过，而 Cl^-、H^+、OH^- 不能透过。

　　例如，Nafion 膜（全氟磺酸膜）的分子结构含强酸根：

$$(CF_2-CF_2-CF-CF)_x$$
$$(OCF_2-CH)_x-OCF_2CF_2-SO_2OH$$
$$CF_3$$

Flemion 膜（全氟羧酸膜）的分子结构含弱酸根：

$$(CF_2-CF_2)_x-(CF_2-CF)_y$$
$$(OCF_2-CF)_m-O(CF_2)_n-COOH$$
$$CF_3$$

式中，一般 $m=0$ 或 1，$n=1\sim5$。

此两种膜均用聚四氟乙烯基的离子交换树脂，故既能耐强碱又能耐酸、耐有机物的侵蚀，但价格昂贵。用强酸膜时，阳极室 NaOH 浓度限于 20% 以下；用弱酸膜时，NaOH 浓度可达 40%，最大电流密度可达 $6kA\cdot m^{-2}$。

还有磺化聚苯乙烯膜（例如 Ionics 系列），价格低廉，但在有机介质中易老化，必要时两层膜选合使用可延长其使用寿命，我国已能少量生产以上各种膜，但在性能和尺寸上尚有差距。离子交换膜法电解的原理如图 5-4 所示。表 5-2 给出几种离子膜槽电解法的操作参数。

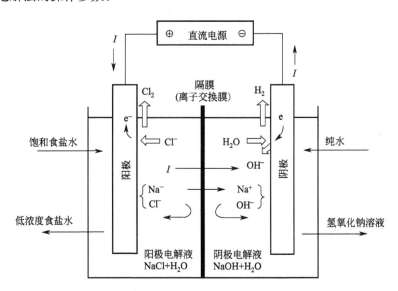

图 5-4　离子交换膜氢氧化钠电解的原理图

此法的优点是没有汞和石棉的公害；所得 NaOH 不含 Cl^-，很纯，其浓度可达 20%～40%，故蒸发浓缩的后处理费用要少得多；电流密度可比隔膜槽所使用的大一倍而仍保持 3.1～3.8V 的槽电压，"总能耗"（包括电解用电、动力用电、和蒸汽消耗）相对较低，一般较隔膜法和汞法低 25% 以上，每生产 1t 烧碱可省电约 $1000kW\cdot h^{-1}$。常把多只电解池汇集组装成压滤机式的电解槽，单槽 NaOH 产率可达 100t/年，而槽体积比前两法的电解槽小得多，特别适宜小规模生产，产量可按市场调节。为了延长离子膜的使用寿命，要求把食盐水中的钙、镁离子含量降

低到 10^{-6} 数量级。目前，离子膜的性能还在不断改进，从发展趋势看，离子膜槽最有生命力，预计再过若干年将全部取代其他电解槽。表 5-3 列出了 20 世纪 70 年代末氯碱工业的技术比较情况。

表 5-2　几种离子交换膜的操作参数

参数名称 \ 槽别	Hooker MX	Diamond DM-14	Asahi Chemical	Asahi Glass
工作电流/kA	8.0	4.4	10.8	5.3
电流密度/$kA \cdot m^{-2}$	3.0	4.1	4.0	2.0
电流效率/%	80~90	89	93	95
槽电压/V	—	3.9	3.75	3.7
能耗/(kW·h/吨 NaOH)	2800	2950	2703	2610
产率/(吨 NaOH/天·槽)	—	0.14	0.36	0.18
碱液浓度/%	17~30	28	22	35
膜类型	Nafion	Nafion	Asahichem	Asahichem
电极面积/m^2	2.7	1.41	2.70	2.64
电极组合型式	双极式	单极式	双极式	单极式

表 5-3　20 世纪 70 年代末氯碱工业技术比较

项目 \ 槽型	隔膜槽	离子交换膜槽	汞槽
理论分解电压/V	2.20	1~2.2	3.26
槽电压/V	3.5	3.7	4.2
电流密度/($A \cdot m^{-2}$)	2000	5000	9000
能耗	2550	2700	3150
产品纯度Cl_2/%	98	99.3	99.2
产品纯度H_2/%	99.9	99.9	99.9
碱中含量/%	1.2	0.005	0.003
最大碱液浓度/%	10	35	50
要否蒸发浓缩	要	部分要	不要
有无污染问题	石棉	无	汞
生产率(NaOH)/(t/年·槽)	1000	1000	1000
中国采用情况	90	0	7
美国采用情况	78	0	22
加拿大采用情况	67	4	29
欧共体采用情况	24	1	75
英国采用情况	5	0	95

5.2.4　氯碱工业发展的展望

目前人们正在研究阴极的改进，进一步降低阴极超电势，在软钢阴极上的氢超电势约为 0.3～0.4V（电流密度为 0.15～0.2A·cm^{-2}）。将电极喷砂处理，使表面粗糙，可降低超电势 0.1V 左右。现国外氯碱工业已广泛采用以镍为基材的各种活性阴极，将上述电流密度下的释氢超电势 φ 降至 0.15V 左右。英国石油研究中心制成的镍、钼合金电极在 70℃的 30%KOH 溶液中，电流密度等于 1A·m^{-2} 下的释氢超电势仅为 0.09V 左右。

除了寻找超电势低、寿命长的新电极材料外，许多工作者还力图用氧化还原反应：

阴极：$\qquad 2H_2O+2e \longrightarrow H_2+2OH^- \qquad \varphi^\theta=0.401V$

去代替 H$^+$ 的析出反应：$\frac{1}{2}O_2+H_2O+2e \longrightarrow 2OH^- \qquad \varphi^\theta=-0.828V$

阳极反应仍为：$\qquad 2Cl^- \longrightarrow Cl_2+2e \qquad \varphi^\theta=1.36V$

总反应为：$\qquad 2NaCl+\frac{1}{2}O_2+H_2O \longrightarrow 2NaOH+Cl_2 \qquad \varphi^\theta=0.96V$

与隔膜槽反应：$\qquad 2NaCl+2H_2O \longrightarrow 2NaOH+Cl_2+H_2 \qquad \varphi^\theta=2.19V$

两者相比可以看出，该法节省了分解水所需的能量，即槽电压降低 1.23V。理论分解电压是 $E^\theta=1.36-0.401=0.96V$，此举可大为降低电能消耗。

对汞槽的改进主要是设法利用汞齐分解所释放的能量，譬如将其组成燃料电池：

$$NaHg_n | 碱液 | O_2$$

据测定，在 $c_{OH^-}=1mol·L^{-1}$ 溶液中，当汞齐中含 0.2%Na 时，汞齐的平衡电势是 $-1.86V$，则电池的平衡电动势为：

$$\varphi_{eq}=0.401-(-1.867)=2.268V$$

此能量如能利用，将使汞槽的实际能耗大为降低。

5.3 氯酸盐和高氯酸盐的电合成

5.3.1 氯酸钠

工业上氯酸钠主要用于造纸工业的纸浆漂白。例如美国在 1978 年氯酸钠的年产量为 20 多万吨，其中 78%用于漂白（1955 年时为 29%）。目前全世界年产量超过 110 万吨。氯酸钠主要用电合成法生产，近 20 年来，在缩小电极间隙、加速电解液流动、增加一个分开化学反应器及电极材料的改进方面均取得显著成果。

5.3.1.1 原理

已知电解食盐水时，两个电极上的主要反应为：

阳极：$\qquad Cl^- \longrightarrow \frac{1}{2}Cl_2+e$

阴极：
$$H_2O+e \longrightarrow OH^- + \frac{1}{2}H_2$$

若两电极间无隔膜，则溶解氯的水解作用将为 OH^- 所促进，生成次氯酸盐，此氯酸盐可进一步生成氯酸盐。溶液中的主要反应有：

$$Cl_2+H_2O \longrightarrow HClO+H^+ +Cl^-$$

$$Cl_2+2OH^- \longrightarrow ClO^- +H_2O+Cl^-$$

随后完成一慢反应步骤：

$$2HClO+ClO^- \longrightarrow ClO_3^- +2H^+ + 2Cl^-$$

此反应宜在低的温度和微酸性的溶液中进行。总反应为：

$$NaCl+3H_2O \longrightarrow NaClO_3+3H_2$$

此外，ClO^- 在阳极还会发生氧化反应

$$6ClO^- +3H_2O \longrightarrow 2ClO_3^- +6H^+ +4Cl^- +\frac{3}{2}O_2+6e$$

从而引起电能浪费，故一般维持电解液中 ClO^- 浓度不能太高，以减少此反应的进行。

5.3.1.2 工业电解槽

目前，氯酸钠电解槽工业进展的特点是：应用了 DSA 阳极；减少了电极间距；采用了高的电解液流速；采用另外设置的化学反应器。

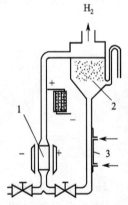

图 5-5 是氯酸钠电解槽系列的一种。电解槽产生的气体（主要为氢气）把电解液向上提升，进入化学反应器。分离掉气体后，电解液在流回电解槽，节省了过去曾用过的液体循环泵。电极为平板式，冷却器用来除去稳定操作条件下系统所产生的热量，阳极用钛基材上涂贵金属或其氧化物制成。涂层极薄，约 $1\mu m$，涂层的损失已减小到每吨 $NaClO_3$ $0.1\sim0.3g$，因为钛基材料上不易被腐蚀，故电极间距可保持恒定、尺寸稳定，阳极 DSA 的名称由此而来。采用小的电极间距可使电解槽紧凑，并增大电流密度。$NaClO_3$ 电解制备的操作数据见表 5-4。DSA 的最大优点是释氯超电势低，并可在较高温度下操作。高温有利于化学反应合成 $NaClO_3$，并随后把它结晶析出。

图 5-5 氯酸钠电解槽系统
1—电解槽；2—反应器；
3—冷却槽

阴极常用软钢制成。因它的氢超电势较低。电解液中加入 $3\sim7g\cdot L^{-1}$ 浓重铬酸盐，可防止 ClO^- 在阴极上还原，若采用铬或镀铬的阴极，则可省掉加重铬酸盐这一步。过去认为不能用钛作阴极底材，因为氢会扩散到涂层内的钛底材中，生成氢化钛，使阴极脆裂，破坏涂层。鉴于复极式电极的重要

性，已研制成功没有腐蚀危险的钛阳极，使复极式钛电极在工业上得到应用，但涂层的损坏仍比较大。图 5-5 所示装置的主要特点是：ClO^- 转化成 ClO_3^- 的反应在电解槽外进行。转化率高；在化学反应器中生成的 Cl^- 可循环使用；在充分低的 ClO_3^- 浓度下进行电解池操作以防止 ClO^- 放电，氯酸钠基本上是在连接电解池至化学反应器的管道中生成的，这样的循环操作允许 ClO_3^-：Cl^- 的值为 2.5，而没有循环时此值为 0.2。

表 5-4　氯酸钠电解槽的操作数据

项　　目	石墨阳极	DAS 阳极	项　　目		石墨阳极	DAS 阳极
槽电压 $V_槽$/V	2.9～3.8	2.9～3.3	浓度/g·m^{-2}	NaCl	310～100	310～50
电流密度 I/A·m^{-2}	300～600	1500～4000		NaClO$_3$	0～500	0～650
电流 I/kA	6～30	6～100	Na$_2$Cr$_2$O$_7$/g·L^{-1}		1～6	1～6
电流效率	0.82～0.87	0.92～0.95	电耗/(kA·h/t)		1740～1840	1590～1640
t/℃	40～45	60～80	能耗/(kW·h/t)		5000～7000	4600～5400
pH	6～7	6～6.5	阳极损失(NaClO$_3$)/g(kg/t)		7～18	(0.1～0.5)×10^{-3}
			电流密度/A·L^{-1}		2～6	20～50

5.3.2　高氯酸盐

高氯酸盐主要用于军事工业制造炸药或喷气推进剂。1895 年第一个电解法生产 NH_4ClO_4 和 $KClO_4$ 的工厂投入运行。

原理：一般均采用氯酸盐溶液进行电解，阳极反应是：

$$ClO_3^- + H_2O \longrightarrow ClO_4^- + 2H^+ + 2e \quad \varphi^\theta = 1.9V$$

此反应的机理曾有两种看法，一种认为是 ClO_3^- 在阳极先放电：

$$ClO_3^- \longrightarrow ClO_3 + e$$

$$ClO_3 \longrightarrow O_2Cl—O—O—ClO_2 \xrightarrow{H_2O} ClO_4^- + ClO_3^- + 2H^+$$

$$ClO_3^- \xrightarrow{H_2O} ClO_4^- + 2H^+ + e$$

第二种认为水首先在阳极被氧化：$H_2O \longrightarrow O + 2H^+ + 2e$

生成的吸附氧将 ClO_3^- 氧化：$ClO_3^- + O \longrightarrow ClO_4^-$

阴极：　　　　　　　　　　$2H^+ + 2e \longrightarrow H_2$

电解槽的总反应可写成：$ClO_3^- + 2H_2O \longrightarrow ClO_4^- + H_2$

电解槽设计简单，因为不存在像氯酸盐生产中有副反应的问题，因而电解液的流速不必太快，为了防止产物在阴极还原，电解液中加入少量 $Na_2Cr_2O_7$ 可使阴极表面生成一层保护膜，减少产物还原所造成的损失。

阳极材料有 Pt、镀贵金属的 Co，PbO_2。阴极材料有青铜、碳钢、CrNi 钢或 Ni。表 5-5 给出了生产中使用的技术参数。

表 5-5　电解液合成高氯酸钠的操作参数

电流/A	500~12000	电解液 pH	6~10
电流密度/A · m^{-2}	1500~5000	Na$_2$Cr$_2$O$_7$ 浓度 /g · L^{-1}	0~5
槽电压/V	5~6.5	NaClO$_3$ 进槽浓度/g · L^{-1}	400~700
电流效率(铂电极)/%	90~97	NaClO$_4$ 进槽浓度/g · L^{-1}	0~100
PbO$_2$ 阳极/%	85	NaClO$_3$ 出槽浓度/g · L^{-1}	3~50
温度/℃	35~50	NaClO$_4$ 出槽浓度/g · L^{-1}	800~1100

5.4　锰化合物的电解合成

5.4.1　电解二氧化锰

锌锰干电池及其相关电极的性能主要取决于 MnO$_2$ 的来源及其制造方法，这是因为 MnO$_2$ 的活性及其性质随晶粒大小、晶格缺陷的密度和水合程度而变化。在溶液中通过阳极氧化二价锰制得 MnO$_2$ 具有很好的活性，当然价格要比天然 MnO$_2$ 贵 4~5 倍。故电解 MnO$_2$ 大多被用于制造高质量锌锰电池和碱性 MnO$_2$ 电池。但人们已认识到可将具有较高活性的电解 MnO$_2$（EMD）用于同其他物质进行化学反应，特别是将一经电解得到的 MnO$_2$ 立即用于化学反应效果更好。因此，电解 MnO$_2$ 在精细化工和制药工业中为氧化剂的用量在日益增加，最近 20 年来，电解 MnO$_2$ 工业在迅速发展，估计世界的年产量已超过 10 万吨，主要生产国是日本。

用惰性阳极电解氧化 MnSO$_4$ 溶液可制得活性 MnO$_2$，可能的阳极反应：

$$2Mn^{2+} \longrightarrow 2Mn^{3+} + 2e; 2Mn^{3+} \Leftrightarrow Mn^{4+} + Mn^{2+}$$

$$Mn^{4+} + H_2O \longrightarrow MnO_2 + 4H^+$$

阳极总反应为：　　$Mn^{2+} + 2H_2O \longrightarrow MnO_2 + 4H^+ + 2e$

阴极：　　　　　　$2H^+ + 2e \longrightarrow H_2$

总反应为：　　　$MnSO_4 + 2H_2O \longrightarrow MnO_2 + H_2 + H_2SO_4$

电解液采用 MnSO$_4$（300~350g · L^{-1}）和 H$_2$SO$_4$（180~200g · L^{-1}）混合溶液，阳极材料为石墨、Pb 及其合金或 Ti。若以 Pb 为阳极时，电解条件为：阳极电流密度：500A · cm^{-2}，槽电压：3.0~3.5V，温度：20~25℃；电流效率：80%~85%。电解所得 MnO$_2$ 如要作为电池材料，还需在 80℃ 干燥。

5.4.2　高锰酸钾

高锰酸钾被广泛用作氧化剂，特别是作为精细有机化学品工业的氧化剂。全世界的年产量超过 40000t，最大的产家在美国，年产量超过 15000t。电解锰酸钾溶液可制得 KMnO$_4$。锰酸钾用化学方法制备，原料为软锰矿（大约含 6% MnO$_2$），浸入 50%~80% 的 KOH 溶液加热至 200~700℃，并由空气氧化为 K$_2$MnO$_4$。

$$2MnO_2 + 4KOH + O_2 \xrightarrow{200~700℃} 2K_2MnO_4 + 2H_2O$$

以水浸提可得电解液，电解是采用 Ni 阳极或 Ni/Cu 阳极，阴极用铁或钢，反应为：

阳极：$\qquad 2MnO_4^{2-} \longrightarrow 2MnO_4^- + 2e$

阴极：$\qquad 2H_2O + 2e \longrightarrow H_2 + 2OH^-$

总反应：$\qquad 2MnO_4^{2-} + 2H_2O \longrightarrow 2MnO_4^- + H_2 + 2OH^-$

阳极反应要求在一个非常低的电流密度范围（$5\sim150mA \cdot m^{-2}$）内进行，而且通常在此范围的低端进行。即便这样仍会放出一些氧气，电流效率在 $60\%\sim90\%$ 之间，产率一般超过 90%。

电解槽一般不用隔膜，电解在搅拌下进行，因为在阴极将发生 $KMnO_4$ 被还原的副反应，从而降低电流效率。

30% K_2MnO_4 被氧化时，电流效率为 70%，当 50% 和 70% 的锰酸钾被氧化时，电流效率分别降为 50% 和 25%，即锰酸钾被氧化得越多，则高锰酸钾被还原的可能性越大，从而降低电流效率。

$KMnO_4$ 在浓的 KOH 溶液中的溶解度不大，故大多以结晶形式沉入槽底。

5.5　电解法生产过氧化氢

H_2O_2 是广泛应用的洁白剂、氧化剂和消毒剂。二次世界大战期间，德国首先用电解法生产出过氧化氢。电解法的基本原理是：

① 有硫酸或硫酸盐在 Pt 电极上电解氧化生成过硫酸：$2HSO_4^- \longrightarrow H_2S_2O_8 + 2e$

② 再经水解生成 H_2O_2：$H_2S_2O_8 + H_2O \longrightarrow 2H_2SO_4 + H_2O_2$

在减压下蒸馏即可得 30% H_2O_2 水溶液，商品名为"双氧水"。过氧化氢的 3% 水溶液为医用消毒剂。国外生产双氧水的电解法工艺有三类过程，分别介绍如下。

(1) 过硫酸法——Weissenstein 过程。以 Pt 为阳极，Pb 为阴极电解 H_2SO_4，电解槽使用多孔陶瓷作隔膜，将阳极室与阴极室分开，得到的过硫酸溶液经加热水解制得 H_2O_2：

$$H_2SO_4 \xrightarrow{\text{电解}} H_2S_2O_8 + H_2O \xrightarrow{\text{加热}} H_2SO_4 + H_2O_2 \uparrow$$

(2) 过硫酸钾法——Pietsch 和 Adolphin 过程。以 Pt 为阳极，石墨为阴极并以石棉缠绕起隔膜作用。电解液为 $(NH_4)_2SO_4$ 与 H_2SO_4 的混合液，电解液加入 $KHSO_4$ 以沉淀出过硫酸钾，经分离后再水解制得 H_2O_2。

阴极：$\qquad H_2SO_4 + 2e \longrightarrow H_2 \uparrow + SO_4^{2-}$

阳极：$\qquad 2(NH_4)_2SO_4 \longrightarrow S_2O_8^{2-} + 4NH_4^+ + 2e$

总反应：$(NH_4)_2SO_4 + H_2SO_4 \longrightarrow (NH_4)_2S_2O_8 + H_2 \uparrow$

加入 KHSO₄ 使 (NH₄)₂S₂O₈ 转化，

$$(NH_4)_2SO_4 + 2KHSO_4 == K_2S_2O_8\downarrow + H_2SO_4$$

水解：$$K_2S_2O_8 + 2H_2O \xrightarrow{+H_2SO_4} 2KHSO_4 + H_2O_2\uparrow$$

以上过程可表示为：

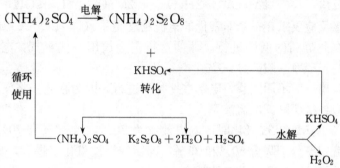

(3) 过硫酸铵——Lowenstein 和 Laporte 过程。此法省去了上法转化为过硫酸钾的步骤，即电解含 H_2SO_4 的 $(NH_4)_2SO_4$ 溶液制得 $(NH_4)_2S_2O_8$，再加热水解，放出 H_2O_2 后，将含 $(NH_4)_2SO_4$ 的母液返回阴极室，循环使用。

$$(NH_4)_2SO_4 \xrightarrow{电解} (NH_4)_2S_2O_8 + H_2O \xrightarrow{加热} (NH_4)_2SO_4 + H_2O_2\uparrow$$
$$循环使用$$

整个生产是全液相流程，效率高，是最流行的方法。表 5-6 列出了以上三种方法的工艺数据。

最后，应该指出，所有电解法生产 H_2O_2 的工厂都采用铂阳极，建厂投资大，加上生产过程中铂阳极的损失，以及电能消耗等原因，大大限制了此法的发展。1953 年后国外过氧化氢的生产开始走一条非电解法，即采用烷基蒽醌的化学自动氧化法生产 H_2O_2 的路线，此后电解法开始走下坡路，除非在工艺路线上革新，否则有被淘汰的趋势。

表 5-6　生产 H_2O_2 的三种电解氧化法比较

项目 \ 方法	Weissenstein 过程	Pietsch 和 Adalph 过程	Lowenste 和 Laporte 过程
起始电解液	H_2SO_4 500g·L^{-1}	H_2SO_4 60~70g·L^{-1} $(NH_4)_2SO_4$ 245~285g·L^{-1} $KHSO_4$ 40g·L^{-1} $(NH_4)_2S_2O_8$ 75~80g·L^{-1}	H_2SO_4 270g·L^{-1} $(NH_4)_2SO_4$ 230g·L^{-1}
电解所得液	H_2SO_4 280g·L^{-1} $H_2S_2O_8$ 240~250g·L^{-1}	$(NH_4)_2S_2O_8$ 160~170g·L^{-1}	H_2SO_4 200g·L^{-1} $(NH_4)_2SO_4$ 50g·L^{-1} $(NH_4)_2S_2O_8$ 250g·L^{-1}
槽电压/V	5.0~5.2	5.5~6.5	5.5
阳极	Pt	Pt	Pt

项目 \ 方法	Weissenstein 过程	Pietsch 和 Adalph 过程	Lowenste 和 Laporte 过程
阴极	Pb	石墨	Pb
隔膜	陶瓷极	石棉缠绕阴极	素烧陶瓷极
电流效率/%	65	85	80
能耗(30%H_2O_2)/(kW·h/t)	14000	14000~14500	15000
水解压力/kPa	14~19	4	7
水解产率/%	75	80	75~60
Pt 损耗(H_2O_2)/(g/t)	3.0~3.5		6

5.6 水的电解

电解水可以制取高纯度的 H_2 和 O_2，在原子能工业中则是为了制造重水。氢气的主要用途有：合成 NH_3，HCl 等含氢化合物；在冶金工业、半导体工业、电灯制造；发电站中发电机的冷却；气象气球的充气；金属焊接和切割；乙醇、乙酸等化合物的合成；高温过程，例如人造宝石的制造中用作燃烧气体；不锈钢等特种材料的热处理以获得高度洁净的表面；燃料电池的燃料；火箭燃料等。

获得氢气的工艺路线有多种，例如：从煤气化产生的合成气体中分离得到 H_2；轻油或天然气的裂解也可制得 H_2。在氯碱工业中，H_2 是重要的副产品。就制造成本而言，电解水制氢要比上述方法高得多，故它仅适用于需制备纯 H_2 的场合，例如食品行业、氢气纯度不够会使催化剂中毒的场合等，或者在电能很便宜的地方，可大大降低电解水成本，此法也可采用，譬如在水电站附近建电解水厂，在埃及的 Aewan 水坝附近就有生产能力高达 $40000m^3·h^{-1}$ 的大厂。有人预言未来将会出现"氢经济"时代，在这样一个社会里，能用来自核电站或太阳能集电器的便宜的电能电解制氢，并将其作为一种贮存和传输能量的方法；在城市，用燃料电池再把氢转化为电。但现在我们还不能得到廉价的电能，水解装置和燃料电池的能量效率还不够高。

(1) 反应原理。在酸性溶液中电解时，

阴极： $2H^+ + 2e \longrightarrow H_2$ $\varphi^\theta = 0.0V$

阳极： $H_2O \longrightarrow \frac{1}{2}O_2 + 2H^+ + 2e$ $\varphi^\theta = 1.23V$

在碱性溶液中电解时，

阴极： $H_2O + 2e \longrightarrow H_2 + 2OH^-$ $\varphi^\theta = -0.83V$

阳极： $2OH^- \longrightarrow \frac{1}{2}O_2 + H_2O + 2e$ $\varphi^\theta = 0.4V$

两种情况下的总反应均为：

$$H_2O \longrightarrow \frac{1}{2}O_2 + H_2 \qquad \varphi^\theta = 1.23V$$

(2) 槽电压。 可按 $V = \varphi_e + \eta_A + \eta_C + IR_{sol} + IR_{circuit}$ 计算，氢、氧的超电势与电极材料有关，可查文献得知，溶液中的欧姆电位降与所用的电解质与电解温度有关。通常使用 NaOH 或 KOH 溶液来进行水的电解，这些溶液的电阻率与温度、浓度也有关系，可查有关数据手册得到。在电解过程中，由于气体的析出，使电解液中充满气泡，这会增加溶液的电阻，若增大电解槽的压力，可见小气泡的体积，使 IR 减少，因而采用高压法电解水可降低槽电压。另外，采用升温、搅拌、缩短电极间距离等措施，均可降低溶液的欧姆电势降。

为了获得纯净的 H_2 和 O_2，同时防止 H_2、O_2 混合爆炸，电解槽必须使用隔膜，要求它能有效地防止气体扩散，抵抗碱性腐蚀，具有低的电阻值和良好的力学性能，常用石棉纤维布或多空镍板（5000～6000 孔·时）。实际操作时，槽电压一般在 1.8～2.6V。

(3) 能量消耗。 由于电解水无副反应，电流效率几乎 100%。理论分解电压 1.23V，由法拉第定律知每生产 1mol H_2（标准状况下体积为 22.4L）需要电量 2F，故每生产 1m³ H_2 需耗能：

$$W = 1.23 \times [(2 \times 26.8 \times 10^3)/(22.4 \times 10^3)] = 2.94 kW \cdot h \cdot m^{-3} H_2$$

若实际槽电压取 $2.0V$，$\eta_I = 100\%$，则实际能量为：

$$W_r = 2.0 \times [(2 \times 26.8 \times 10^3)/(22.4 \times 10^3)] = 4.79 kW \cdot h \cdot m^{-3} H_2$$

能量效率：

$$\eta_E = (2.94/4.79) \times 100\% = 61\%$$

(4) 电解槽。 电解槽的电极：阴极多用镍或镀镍的软钢或经喷砂处理的软钢。电极的形式多样，有平面电极（平板电极、双片平板电极，薄片状电极，百叶窗式电极）、网状电极和多孔电极等。当电解槽包含两个以上电极时，存在两种电极的连接方式，据此将电解槽分为两大类。第一类是单极性电解槽（monopolar electorlyser），其连接形式见图 5-6(a)，这是采取并联的连接方式，每一电极都与外电路接触，每一电极只带一种极性——阴极或阳极，这种槽的槽电压等于每一对电极间的电势差 V_i，即 $V = V_i$，而通过槽的总电流则随电极极板数目增多而成比例的增大。这类电解槽结构简单，维修方便，构件亦较低廉，缺点是电极间隙大、连接的导体多，外电路上的欧姆损失也大。

第二类是双极性电解槽（bipolar electorlyser），电极采取串联的连接方式，与外电路只有两个连接点，处于中间电位的电极都具有双电性，即一面做阴极，另一面作阳极，见图 5-6(b)，电流从上边电极导入，是阳极，通过离子迁移转到中间电极上，使其正面带负电荷，然后电流从反面出来使其带正电荷，如此传递下去直至最下边的阴极上，这种电解槽的槽电压为相邻两电极电势差 V_i 的总和，即 $V =$

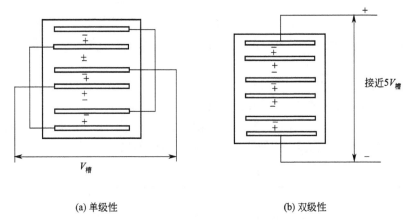

(a) 单级性   (b) 双级性

图 5-6   多级电解槽的电连接示意图

$\sum V_i$。这类电解槽结构紧凑，金属导体少，外电路的 IR 降大大减少，可在高温高压下操作，生产条件易统一控制，可在低的单槽电压和高电流密度下操作。但结构复杂，检修困难，相邻两个单电极会通过电解液产生漏电电流。极板的同一面上会有少量极性不相同的点，产生电化学腐蚀作用。

　　箱式电解槽也是一种重要的电解槽。该槽中彼此平行的电极垂直悬挂于盛有电解液的箱式容器中，阳极和阴极相同，并使两极之间的间隔尽可能小，以得到高的时空产率且减少能耗。通常电极间隔也受一些实际生产条件的制约。例如要防止电解槽短路；在氯气电解槽中两极间隔距离要便于阴极和阳极气体的分离；又如在电解水装置中石棉隔膜只是防止 H_2 和 O_2 的混合，因而电极间隔可以相当小。在箱式槽中电极上放出的气泡可对电解液起到强烈的搅拌作用，但常常还采用机械手段促进电解液的对流。

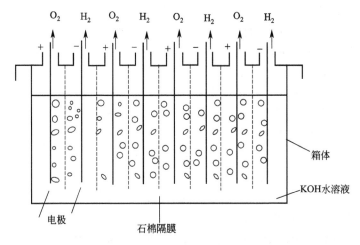

图 5-7   电解水用的一种箱式电解槽

箱式电解槽内电极的连接方式可以是单极式的，也可是双极式的。它的最大优点是装置简单，易维修和换装，容器可用铁等有一定机械强度和化学稳定性的材料制成，投资少。其缺点是占地面积大，时空产率有限，不适于大规模生产。槽的结构见图5-7。

此外，还有用压滤式电解槽的。这种比相同容积的箱式电解槽更紧凑，容量高，占地面积小，缺点是封口技术高，较难维修，投资大。

(5) 工作特性比较。表5-7把几种类型电解槽的生产情况进行了比较，可知，压滤式电解槽的生产能力较箱式电解槽高得多，而能耗则彼此相近。

表 5-7　几种电解槽的工作特性

项　　目	单极箱式电解槽		双极压滤式电解槽	
	Knowles cell	Stuart cell	CJB cell	Demag cell
电流强度/A	4500	5250	6700	7600
槽电压/V	1.9	20.4	171	87~90
电解液浓度	28%KOH	28%KOH	28%KOH	28%~30%KOH
温度/℃	80	85	80	80
氢气纯度/%	99.75	99.9	99.9	99.9
氧气纯度/%	99.5	99.7	99.7	99.7
能量消耗(H_2)/kW·h·m^{-3}	4.15	4.9	4.75	4.3~4.5
生产能力(H_2)/m^3·h^{-1}	2.06	2.4	240	150

(6) 电解水技术的发展

① 固体聚合物电解质（SPE）电解槽：20世纪70年代以来，人们研制成功采用固态 Nafion 全氟磺酸膜（厚度 $0.2\sim0.3mm$）作为"电解质"的电解槽，使电解水技术发展到一个新的阶段。Nafion 膜经水湿润后呈强酸性，相当于质量分数为 10% 的 H_2SO_4 的 pH 值，水化氢离子 $H^+ \cdot xH_2O$ 为电流携带体，它可在固定于全氟化碳骨架上的磺酸基团间传递，从而实现电流的传导。

电极是具有电催化性能的贵金属或其氧化物，将它们制成具有巨大比表面的粉状形式，利用特氟隆（teflon）黏合并压在 Nafion 膜的两面，形成一种稳定的膜与电极的结合体。阳极材料是 Pt、Ir、Ru 及它们的二元或三元合金，渗入一些过渡金属，其中 Ru、RuO_2 对于氧析出反应具有最高的活性。阴极材料是含 Pt 或 Pt-Pd 合金的活性炭。整个电解槽由多个这种膜与电极结合件构成，中间还有电流集流器和导气网膜。水电解反应为：

阳极：$\qquad 6H_2O \longrightarrow 4H_3O^+ + O_2(g) + 4e$

阴极：$\qquad 4H_3O^+ + 4e \longrightarrow 4H_2O(l) + 2H_2(g)$

总反应：$\qquad 2H_2O(l) \longrightarrow O_2(g) + H_2(g)$

采用 SPE 水电解槽的优点是：电流密度高（$1\sim2A\cdot cm^{-2}$），槽电压相对较低；省电、省投资；阴、阳极间距仅为膜的厚度，无溶液欧姆降，气泡效应小，没有引起腐蚀的酸碱类排出物。表5-8是此类电解槽的工作参数。

表 5-8　SPE 水电解槽的工作参数

制造厂家	电解液	压力/atm	温度/℃	$I_a/mA \cdot cm^{-2}$	槽电压/V	电压效率/%
GEC	Nafion	40	82	1080	1.83	81
CEC	Nafion	40	149	1080	1.70	87

注：1atm＝101325Pa。

目前，推广这种电解水技术的主要问题是 SPE 的制造技术复杂，价格昂贵。

② 光电化学电池电解水：1972 年，Fujishima 和 Honda 证明可用半导体电极组成的光电化学电池电解水。应用电化学电池电解水需外加的电势差起码要大于 1.23V，实际在 1.8V 以上，而采用半导体电解组成电池，则在光照射下有可能使水的分解在远小于 1.23V 下进行，甚至不需加外电压就可进行。其原理是当光照射到半导体电极表面时，在光量子作用下，若光量子的能量大于半导体的禁带宽度 E_g 时，处于价带中的电子将跃迁到导带。对 n 型半导体，价带中形成的空穴 P^+ 将越出界面，使溶液中还原态的电子给予体 R 发生氧化作用：

$$R+P^+ \longrightarrow R^+$$

对 p 型半导体，则电子 e 将越过界面作为氧化态，使电子接受体 O 发生还原：

$$O+e \longrightarrow O^-$$

例如，以 TiO_2（n 型半导体）和白金组成电池：$(-)n\text{-}TiO_2 \mid$ 电解质水溶液 $\mid Pt(+)$，当适当波长的光照射到 n-TiO_2 电极上时，可以激发产生空穴，$h\nu \xrightarrow{TiO_2} P^+ + e$。

电子沿外线路传到 Pt 阴极发生 H^+ 的还原，而空穴 P^+ 则越过界面引起水的氧化。对于酸性电解液，两个电极上的反应可写成：

在 n-TiO_2 阳极：　　　$H_2O+2P^+ \longrightarrow \frac{1}{2}O_2+2H^+$

Pt 阴极：　　　　　　$2H^++2e \longrightarrow H_2$

在 n-TiO_2 阳极：　　　$2OH^-+2P^+ \longrightarrow \frac{1}{2}O_2+H_2O$

Pt 阴极：　　　　　　$2H_2O+2e \longrightarrow H_2+2OH^-$

两种情况下，其总反应均可写成：

$$H_2O \xrightarrow{2h\nu} H_2+\frac{1}{2}O_2$$

即借助于光子的能量实现了水的分解，而且由于有光子的能量介入，故外加电压可远小于 1.23V。根据 Bockris 等人的研究，若日光光谱利用的量子效率达到 5%，则用此法所生产的 H_2 将较其他方法便宜。实际上，目前用光电化学电池电解水所达到的量子效率只有 0.2% 左右。

目前最成功的光电化学电池是用 n 型的 GaAs 作为阳极，表面吸附上 Ru^{3+} 的配合物，电解液是聚硒醚（polyselenide），该体系给出的光电效率达 12%，这是突破性进展。当前电化学方面最为活跃的研究领域之一就是研究如何利用日光，通过光电化学电解水，这是人类解决未来能源的重要途径，前途未可限量。

参 考 文 献

［1］ 天津化工研究院等编．无机工业手册，下册．北京：化学工业出版社，1981.

［2］ 周震，阎杰，王先友．纳米材料的特性及其在电催化中的应用．化学通报，1988，(4)，23.

［3］ 李志远，赵建国．高铁酸盐制备、性质和应用．化学通报，14993，(7)：19.

［4］ Kinoshita K. Electrochemica omprehensive Treatise of Electrochemistry, Vol. 2：Electro-chemical Processing. New York：Plenum press, 1981l Oxygen Technology, New York：Wiley，d 1992.

［5］ Katoh M，Nishiki Y，Nakamatsu S. "Polymer electrolyte-type electrochemical ozone generator with an oxygen cathode." J. Appl. Electochem. ，1994，24：489.

第**6**章　有机电合成

6.1　基础知识与基础理论

　　1834 年法拉第宣称在电解乙酸时获得了某种烃，但发展缓慢，直到现代电化学才得到了长足的发展，如电极过程动力学、电催化、各种新的电化学研究方法的进展和新型电极材料、隔膜材料、新型电化学反应器等的进步推动了有机电合成的快速发展，1965 年美国 Monsato 公司建立了年产 1500t 的己二腈电合成工厂，标志着有机电合成进入了工业化时代。

　　近年来由于能源及原材料价格的上涨，对环境保护的重视，有机电合成更受重视，研究与开发日趋活跃，全球市场已出现很多有机电合成新产品。

　　电合成过程的特点：比一般化学过程更复杂，是一系列电子转移过程与化学过程的结合。反应或在电极/溶液界面、或在电极附近的均相溶液中进行，有机电合成反应往往分成两步进行，首先电极反应生成某种中间粒子，然后中间态粒子通过有机反应转变为产物。

　　合成的研究与开发方向：

　　① 提高有机电合成的选择性及产率，降低能耗及物耗；

　　② 提高生产强度及反应器的空时得率；

　　③ 选择合适的产品（产值高或通常化学方法难于生产的产品）；

　　④ 开发新领域，应用新技术。

　　按电极反应在整个有机合成过程中的地位和作用，可将有机电合成分为两大类：

　　① 直接有机电合成反应，有机合成反应直接在电极表面完成；

　　② 间接有机电合成反应，有机物的氧化（还原）反应采用传统化学方法进行，但氧化剂（还原剂）反应后以电化学方法再生以后循环使用。间接电合成法可以两种方式操作：槽内式和槽外式。槽内式间接电合成法是在同一装置中进行化学合成反应和电解反应，因此这一装置既是反应器也是电解槽。槽外式间接电合成法是电解槽中进行媒质的电解，电解好的媒质从电解槽转移到反应器中，在此处进行有机

反应物化学合成反应。

有机化合物电合成的若干实际问题：

(1) 电极电势：由于有机化合物结构复杂，组成体系复杂，往往采用多种溶剂，各种物质之间存在着相互作用，因此有机物的氧化还原电势变化范围大，其氧化还原电势只有相对参考价值；为提高反应选择性和产率，往往需要采用控制电势电解；

(2) 电极材料：电极材料使用是否正确，往往决定有机合成的成败，电极材料及其表面状态的变化将可能改变反应的历程、电极过程的动力学特征及其他的电化学反应规律；这些影响是通过反应粒子及中间产物的表面吸附产生的。如烷基卤及其中间产物在汞电极表面的吸附使反应在汞电极上比在铂和碳电极上容易进行。电极还是作辅助电极，当反应在水溶液中进行，在有机合成中选择阴极材料，首先要考虑是把工作阴极为工作电极时，应采用氢过电势高的材料，如作辅助电极，应采用低氢过电势材料。

6.2 己二腈的电合成

本节介绍丙烯腈电解偶联法制己二腈。

(1) 工艺原理：丙烯腈电解偶联法又称丙烯腈直接电解加氢二聚法，电化学反应如下：

阳极 $\qquad$ $H_2O - 2e \longrightarrow 1/2O_2 + 2H^+$

阴极 $\qquad$ $2CH_2{=}CHCN + 2H^+ + 2e_2 \longrightarrow NC(CH_2)_4CN$

总的电解反应为：

$$2CH_2{=}CHCN + H_2O \xrightarrow{\text{直流电}} 1/2O_2 + NC(CH_2)_4CN$$
$$\text{（阳极）} \qquad \text{（阴极）}$$

丙烯腈在阴极上氢化二聚分为三步。第一步，丙烯腈结合二个电子和一个氢质子，生成丙烯腈阴离子：

$$CH_2{=}CHCN + 2e + H^+ \longrightarrow [CH_2CH_2CN]^-$$

第二步是形成的丙烯腈阴离子与丙烯腈反应生成二聚阴离子：

$$[CH_2{=}CH_2CN]^- + CH_2{=}CHCN \longrightarrow [NCCH(CH_2)_3CN]^-$$

第三步为二聚阴离子与氢质子反应生成己二腈：

$$[NCCH(CH_2)_3CN]^- + H^+ \longrightarrow NC(CH_2)_4CN$$

此外，电解中还发生生成丙腈和重组分等的副反应。

(2) 电解槽：生产己二腈采用带有电解液强烈循环的复极式压滤式电解槽，结构示意于图 6-1。这种电解槽的主要部件是由耐有机溶剂的塑料（聚丙烯、氟塑

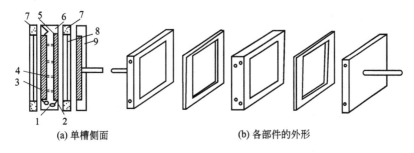

图 6-1　电解液具有高循环速度的压滤式电解槽的单槽
1—电极板；2—阴极；3—阳极；4—连接销钉；5—溶液进出沟；
6—分配孔洞；7—隔膜架；8—隔膜；9—具有接线的端面板

料等）制成的电极板 1。板的侧面凹口内分别安装阴极 2 和阳极 3，两电极用金属销钉 4 相连接。电极板体内有溶液进出口沟 5 用于导进或导出溶液至阳极和阴极室。溶液进出口沟具有分配孔洞 6，溶液沿孔洞均匀分布在电极室。每个电极板夹在两个隔膜架 7 之间，后者也是用塑料制成。隔膜架的中部压装隔膜 8，电解槽两端安装面板 9，且各有一个电极。

工业电解槽由 25～30 个单槽组装而成，每个单槽大小约 1m²。线性负载为 1.0～2.0kA。电解槽用的隔膜现在多采用阳离子交换膜。阴极要求采用具有较高氢过电势的材料，如铅、镉和石墨等。目前大多采用镉阴极，因为它可以在较长的使用期内获得较高的稳定的己二腈产率。阳极在隔膜式电解槽中采用含 1%～2% 银的铅合金，在无隔膜电解槽中，采用具有较低析氧过电势的材料，例如磁铁矿或铁。此外，为阻止铁被腐蚀，电解液中需加入少量乙二胺四乙酸，铁阳极的损耗为 0.8～1.0mm/a，丙烯腈在这些阳极上的氧化不明显。

上述的电解槽不仅适用于丙烯腈的电解偶联，也适用于电化学方法合成其他有机化合物。

(3) 工艺条件

① 电解液组成：采用 10%～15% 磷酸钾溶液作为丙烯腈进行电解偶联的本底电解液。后者还需加入磷酸使溶液的 pH 保持在 9.0～8.5 范围内。为获得己二腈的高产率，操作应在具有给质子能力较差的介质中进行，为降低双电层中质子的浓度，溶液中还需加入四烷基铵阳离子（最有效的是四乙基铵阳离子），它会更紧密地覆盖在电极表面，从双电层中取代出水分子，从而抑制水电离出过多的氢质子。丙烯腈加入量是大大过量的（丙烯腈在溶液中的饱和浓度约为 5%），因而电解液形成本底溶液和丙烯腈两相。在复相介质中实现己二腈的制造，不仅可以增大己二腈的质量产率（见图 6-2）和电流效率，而且丙烯腈具有萃取己二腈的功能，使生成的己二腈及时转移到有机相（丙烯腈）中，从而可省去从水相（本底溶液）中分离己二腈的工序；

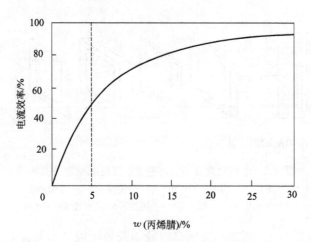

图 6-2　水相中丙烯腈含量对己二腈产率
的影响（虚线表示丙烯腈的溶解度）

②电流密度：最佳电流密度取决于使用的电极材料。己二腈在石墨和铅阴极上获得最高产率时的电流密度为 $0.6 \sim 0.8 kA/m^2$，在镉阴极上则可达 $2kA/m^2$；

③电解温度：电解在 $30 \sim 50 ℃$ 下进行，温度不能高于 $50℃$，高于此温度，副反应加剧，会影响己二腈的产率和产品纯度。

(4) 工艺流程：有隔膜式电解槽和无隔膜电解槽两种工艺流程，前者应用较普遍。图 6-3 示出了采用隔膜式电解槽的工艺流程。由日本旭哨子化学公司开发成功。

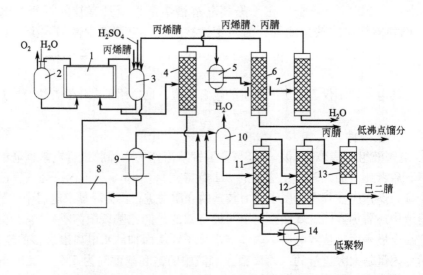

图 6-3　隔膜式电解槽制造己二腈工艺流程-日本旭哨子化学公司工艺
1—电解槽；2—阳极液容器；3—阴极液容器；4—气提塔；5,9—弗洛连斯容器；6—丙烯腈蒸出
塔；7—挥发物自水层蒸出塔；8—阴极液纯化装置；10—蒸发器；11—低聚物析出塔；
12—自己二腈除去挥发物的塔；13—己二腈自轻馏分中析出塔；14—低聚物收集器

由本体电解液与丙烯腈形成的乳化液在电解槽和阴极电解液槽之间进行不断的循环，一部分溶解在阴极电解液中的丙烯腈通过阴极表面发生电解加氢二聚反应生成己二腈。一部分阴极电解液送入气提塔4，蒸出低沸点馏分，内含丙烯腈、丙腈和水的共沸物，在弗洛连斯容器（又称倾析器）5中加以分离，上面有机层在塔6分出丙腈和丙烯腈，后者返回电解系统。倾析器下层水相排入水汽提塔7，蒸出溶于水的有机物，后者返回倾析器5。气提塔4釜液流入沸洛连斯容器（倾析器）9。将己二腈半成品与阴极水溶液加以分离，己二腈半成品在蒸发器10内脱水干燥，并在塔11～13分别分出低聚物，低沸点物后，制得高纯度的己二腈。

该工艺流程的缺点是使用隔膜式电解槽，它需要照顾两个循环，即阳极循环和阴极循环。

图6-4所示的是无隔膜电解槽制己二腈的工艺流程。磷酸钾水溶液，磷酸四乙基铵和丙烯腈分别从计量槽1～3经计量后进入由电解槽4，冷却器5和离心泵组成的循环回路。水相和有机相的体积比为1∶0.5。溶液的循环速度约0.2m/s，以保证溶液在电极间隙间丙烯腈与水相呈细乳浊液。随着电解的进行，丙烯腈不断地从计量槽3流入电解塔，电解过程中部分水被分解，因此需从计量槽1不断地定量地加入磷酸四乙基铵溶液。磁铁矿阳极腐蚀形成磷酸铁，消耗磷酸，因此对电解槽内循环的水相要定期（五昼夜至少一次）分析其磷含量，并及时从计量槽2补入磷酸钾。借助相分离器7自循环液流中分出含己二腈30%，丙腈0.5%～3.0%，四乙基铵盐约0.1%和丙烯腈约67%的有机相。有机相在洗涤塔中用水洗涤以分离出季铵盐（它溶于水），后者返回电解系统。洗涤水先经过淋洗塔6，吸收来自电解

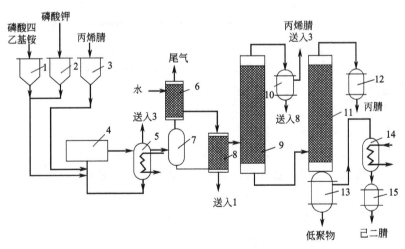

图6-4　无隔膜电解槽制造己二腈的工艺流程

1～3—量槽；4—电解槽；5，14—冷却器；6，8—洗涤塔；7—相分离器；9，11—精馏塔；
10—丙烯腈-水共沸物收集器；12—丙腈收集器；13—蒸馏釜；15—己二腈收集器

槽的气体产物，特别是丙烯腈蒸气。然后再流入洗涤塔（为填料塔）8洗涤有机物。自该塔上部流出的有机相在精馏塔9进行精馏并在收集器10中分离出未参与电化学反应的丙烯腈（含量约为96%），后者返回电解系统。因为电解在水介质中进行，故返回的丙烯腈无须脱水。此外返回的丙烯腈中还存在少量（约3%）丙腈，它对电解过程也不会产生不良影响，因而也不必将它们分离。收集器10下层为水相，含约7.0%的丙烯腈，送往洗涤塔8以提取季铵盐。精馏塔9塔釜液除己二腈及其低聚物外，还含有约9%丙腈，在精馏塔11中，在54kPa下，将丙腈从塔顶蒸出，塔釜液（含己二腈约94%）流入蒸馏釜13，在1.3kPa的真空条件下将高纯己二腈蒸出，己二腈纯度大于99%。

采用隔膜式电解槽工艺每吨己二腈消耗丙烯腈1.1t，电能4000kW·h，蒸汽5t，阳离子交换膜寿命为1年以上，无隔膜电解槽工艺，每吨己二腈消耗1.15t丙烯腈，电能3000kW·h，因此二种工艺都具有商业竞争能力。

丙烯腈电解加氢二聚法制己二腈，在美国、英国和日本都已建有工业装置。

6.3 有机电合成进展

有机电合成的研究近二十年来进展迅速，包括直接电解、间接电解、界面修饰电极、反应性电极等领域发展速度很快，特别是间接电合成，由于不受电极的局限，氧化媒介及支持电解质可以循环使用，理论上讲没有"三废"排放，因而受到普遍重视，其应用前景很好。除此之外，在以下几个领域，有机电合成取得了很大进展：

（1）SPE在电化学中的应用：固体聚合物电解质（SolidPolymerElectrolyte），简称SPE，是一种高分子离子交换膜，由于其较好的化学和机械稳定性、优良的导电性等优点，目前逐渐应用于氯碱工业、电解水工业以及航空航天用燃料电池、核潜艇用氧气发生器等领域，使这些领域的技术水平取得了革命性的进步，充分显示了SPE膜的优越性；

（2）碳载Sb-Pb-Pt电催化纳米材料的研究；

（3）金属有机物合成的研究；

（4）超声在有机电合成中的最新应用。

此外，近些年来，有机电合成在仿生合成、医药、信息产品、食品添加剂等精细有机化工产品的合成方面也取得了很多突破性进展，在整个化学合成中所占的比重正在逐渐增加，已经越来越受到各方面的重视。

参 考 文 献

[1] 天津化工研究院等编．无机工业手册，下册．北京：化学工业出版社，1981.
[2] 周震，阎杰，王先友．纳米材料的特性及其在电催化中的应用．化学通报，1988，(4)，23.

［3］ 李志远，赵建国．高铁酸盐制备、性质和应用．化学通报，14993，（7）：19.

［4］ Bockris J O'M et al. Comprehensive Treatise of Electrochemistry, Vol. 2：Electrochemical Processing. New York：Plenum press，1981.

［5］ Kinoshita K. Electrochemical Oxygen Technology，New York：Wiley, d 1992.

［6］ Katoh M，Nishiki Y，Nakamatsu S. "Polymer electrolyte -type electrochemical ozone generator with an oxygen cathode." J. Appl. Electochem. ，1994，24：489.

第7章　环境保护电化学

7.1　电化学方法在环境保护中的应用

随着人口的增长和对自然资源的过度开发，自然资源和自然环境受到日益严重的破坏，环境保护已成为举世瞩目的问题，防止水质污染，保护水资源更是迫在眉睫。生产废水与生活污水含有不少毒物和致癌物，如砒霜、苯、含铬化合物、重金属、煤焦油、冶炼过程的废物。流入江河湖泊的大量污水形成恶劣的自然环境，严重危害水产资源和人类的健康。大气的污染物很多，仅煤炭燃烧就可能放出几百种有害物质，其中对人类及植物影响较大的大气污染物有硫化物、氟化物、氮氧化物、一氧化碳、氧化剂、醛类和各种金属的气体。近年来，大气污染已由局部的、短时间的发展成为全球规模，被污染了的大气已经变成经常的环境条件。因此，人们采取了物理的、化学的、生物的方法来处理污水和废气，其中电化学方法因其突出的优点而得到迅速发展。

电化学方法在处理废物方面有许多特点：

（1）多功能：利用直接或间接氧化和还原、相分离、浓缩或稀释、生物功能等方法处理气体、液体或固体的废物，处理量可从几微升到数百万升。

（2）消耗能量较低：与其他非电化学过程（例如热分解）相比，电化学过程一般都温度较低。通过控制电势、设计电极和电池，减少由于电流分布差、电压降及副反应引起的能量损失。

（3）便于自动控制：电化学过程中的电参数（I 和 E）尤其适应于数据采集、过程自动化和控制。

（4）有利于环保：处理废物主要通过得失电子的反应，通常不必加入其他试剂。许多过程还有高的选择性，可防止不希望的副反应发生。

（5）成本不高：若设计适宜，则设备和操作条件都比较简单。

然而，电化学方法也存在一些缺点：

（1）如果电极选择性不高，容易发生副反应，使电流效率降低。

(2) 电极容易形成吸附层和氧化膜，污损电极并使电压升高。

从电化学净化的角度来看，可把污水中的有害组分分为容易电解氧化或还原的杂质和需通过电解并配合其他方法综合处理的杂质两大类。

可电解氧化或还原的有害组分：

(1) 氰、砷及部分农药等急性毒物：含氰化物废水主要是由电镀厂、钢铁厂、制药厂、纺织厂、生产丙烯腈的工厂，以及照相材料等工业排放的。在冶金、化工、制药、制革、纺织、木材加工、玻璃、油漆和陶瓷等工业的生产废水中都含有砷。

(2) 有毒重金属：例如含铬的酸性矿山废水。

(3) 耗氧污染物：指那些被细菌分解时要消耗水中溶解氧的物质。无机耗氧物主要是指硫酸盐、硫化物、亚铁盐和氨等；有机耗氧物主要是可以生物降解的有机物质。耗量污染物来自生活污水和造纸厂、印染厂、食品及酿酒厂的工业废水。常用化学需氧量（COD）来表示有机物的含量。含有较高浓度有机物和无机物的废水和生化需氧量（BOD）很高，BOD是测定某一数量有机废水对水体潜在污染能力的一个常用参数。

(4) 致病微生物：污水，特别是医院污水中含有病原体，即病菌、病毒和寄生虫卵等病原微生物。

需综合治理的有害成分：

(1) 富营养物：合成洗涤剂、化肥、饲料、生活污水流入湖泊，其中部分有机物分解而释放出氮、磷等营养物，有利于水中藻类等水生物畸形繁殖，恶化水质。

(2) 油类污染物：来源于石油、机械加工、涂料不、煤气及油脂加工等工业废水，这类物质浮于水面使水中溶氧量下降，利于厌氧菌繁殖，使水发臭。

(3) 放射性污染物：主要来源于开采和加工放射性矿石、核发电站、医院等排放的废水。放射性物质被辐射的动植物发生化学及物理变化，引发生物效应和生理效应。

对上述三种污染物以及常可见到的沉淀物、热污染物等，需结合混凝、沉淀、酸碱中和等化学方法和澄清、砂滤、吸附等物理方法，综合治理。

电化学方法处理废水有电解氧化还原、电凝聚、电浮离和电渗析等方法，电解氧化还原的某些实例见表7-1和表7-2。

表 7-1 直接电解法处理污物的实例

污物	所得产物	备注
氰化物	NH_4^+，CO_3^{2-} 或 CO_2，N_2	阳极氧化，产物与 pH 有关
	氰酸盐	阳极氧化，产物毒性小，电流效率高达 100%
染料	无色物质	阳极氧化，并使用活性炭，去除率约 99.9%
苯胺染料	无色物质	阳极氧化，转换效率高达 97.5%，电流效率 15%～40%
$Cr(\mathrm{III})$	$Cr(\mathrm{VI})$	阳极氧化虽然产物更毒，但可在闭合回路中进行
$Cu(\mathrm{II})$	Cu	阴极还原，用多孔电极时电流密度为板状电极的 100～251 倍，用流动床电极时 $Cu(\mathrm{II})$ 可从 350ppm 降到 20ppm
$Hg(\mathrm{II})$	Hg	阴极还原，用石墨毡电极，电流效率达 92%
$Pb(\mathrm{II})$	Pb	阴极还原，用镀锌钢筛电极，可降到约 2.5ppm

表 7-2　间接电解法处理污物的实例

可逆电对	污物	备注
Fe(II)/Fe(III)	含碳废水	反应器操作在 120~150℃
	Cr(VI)	间接还原为 Cr(III)，而 Cr(VI) 的直接还原很缓慢
Mn(II)/Mn(III)	Cr(VI)	操作条件比 Fe(II)/Fe(III) 温和
Ag(I)/Ag(II)	有机物	据称有机碳转换为 CO_2 的效率高于 98%
Cl^-/ClO^-	氰化物	用双极喷淋塔反应器，速度比直接氧化快

如何把大气中的废气或有毒气体转变成有用的物质，这是一个很重要的环保研究课题。

大气中 CO_2 含量是造成温室效应的主要原因之一。近年来人们致力于电化学还原 CO_2 使之变为有用物质的研究，这样既可保护生态环境，也能回收碳的资源。在水溶液中还原 CO_2 遇到氢离子还原的问题，因此要选用氢过电势高的电极材料，如铅、锡、铟。在水溶液中还原得到产物主要是甲酸或甲酸根离子，也可能生成甲醇。除了采用金属电极外，还有 TiO_2/RuO_2 和其他氧化物电极。在水溶液中使用的催化剂电极，例如把 $Co[(terpy)_2]^{2+}$（terpy = 2,2′∶6′,2″-三吡啶）固定在 Nafion 膜上（在玻璃化碳基体上）。另一条途径是在有机溶剂（例如 CH_3CN，DMSO）中进行电还原，主要产品是草酸。第三条途径是把 CO_2 固定在有机化合物中，例如在 CO_2 存在的条件下电解 1,4-苯醌，得到 2,5-二氢苯甲酸。此外，也有对 CO_2 还原进行光电化学和光催化的研究。

SO_x 和 NO_x 气体在电化学处理之前，通常转移到水溶液中被吸收或进行反应，转移有二种模式。其一是把气体直接吸收到电解池中进行处理，这称为内电解池；其二是气体首先吸收在贮存器中，然后再转移到电解池中，这叫做外电解池。电解处理后往往可以得到有用的产品，例如 SO_2 电还原可得到连二亚硫酸盐，这是造纸工业和纺织工业所需要的重要化学物品。

进行环境保护，必须监测三废中有害成分的含量。测定有害成分的方法，除常规的化学分析方法外，还采用不少物理化学方法，如色谱法、分光光度法、荧光测定法、原子吸收光谱、质谱、极谱、离子选择电极以及其他许多方法。电化学方法检测污染物可大致分为：电势法；安倍/库仑法；伏安法；电导法。本章主要介绍电势法和伏安法。表 7-3 列出部分单项水质污染指标的电化学检测。

表 7-3　单项水质污染指标的电化学检测示例

污染物	饮水允许限量/mg·L^{-1}	污染水	电化学检测方法
CN^-	0.01，>0.02 禁用	电镀废水、矿物水	银离子电极电势滴定，库仑滴定
F^-	0.7~1.2，>1.4 禁用	氟矿冶炼气水溶液	氟电极
Cl^-	≤250	盐酸洗液	氯离子电极
Br^-	<1.9	胶片乳液	$Ag_2Br + Ag_2S$ 电极
S^-	<200	造纸工业废水	Ag_2S 电极
SO_4^{2-}	<250	石膏矿废水	铅离子电极

污染物	饮水允许限量/mg·L^{-1}	污染水	电化学检测方法
As^{5+} 或 As^{3+}	0.01	杀虫剂的残液	恒电流库仑滴定法
Cd^{2+}	<0.1	化工、炼锌废水	CdTe-Ag$_2$S 陶瓷膜电极
Hg^{2+}	<0.05	水银槽下水	AgI 电极
Pb^{2+}	<1	冶炼厂下水	PtTe-Ag$_2$S 电极

7.2 电解法处理污染物

电化学方法处理污染物的方法包括：

① 不溶性阳极电氧化法，通过阳极反应，氧化分解氰、酚、染料等杂质，或者通过阳极反应生成的中间体间接分解有毒物质或杀灭细菌。除表 7-2 所示的氧化还原电对外，还有电化学产生的短寿命中间体，如 OH^-，HO_2^-，可用来氧化酚、甲醛、CN^- 等。

② 阴极还原法，主要作用是重金属离子在阴极还原析出。

③ 铁阳极电还原法，通过铁阳极溶解生成亚铁离子还原剂，二次反应生成氢氧化铁凝聚剂除杂质。适用于水中有氧化剂和有胶体物质的废水，如含铬、含蛋白质、含染料的废水。

④ 铝阳极电凝聚法，利用铝阳极溶解生成的氢氧化铝凝聚剂，凝聚水中的胶体物质。

⑤ 电浮离法，靠阳极产生氧气和阴极产生氢气，浮上分离废水中的杂质。

⑥ 隔膜电解法，电解回收和净化浓废液，处理对象主要是离子和低分子范围的水中杂质。

⑦ 电渗析法，利用离子交换膜的选择透过特性，分离浓缩和净化水中离子和低分子范围的杂质。下面介绍几个实例。

7.2.1 电解氧化除氰

含氰化物的废水处理，通常在碱性溶液中加入次氯酸钠或通进氯气，使氰化物氧化成氮气。用药品处理浓度较高的氰化物溶液，从经济费用和安全两方面来考虑都是不可取的。电解氧化法适用于处理高浓度的含氰溶液。电解氧化时，在阳极上的反应为：

$$CN^- + 2OH^- \longrightarrow H_2O + CNO^- + 2e$$

CNO^- 在碱性溶液中可水解为 NH_4^+ 及 CO_3^{2-} 或进一步阳极氧化，生成 N_2，即

$$CNO^- + 2H_2O \longrightarrow NH_4^+ + CO_3^{2-}$$

或

$$2CNO^- + 4OH^- \longrightarrow 2CO_2 + N_2 + 2H_2O + 6e$$

在碱性溶液中，在阳极上也常发生析出氧的反应

$$4OH^- \longrightarrow 2H_2O + O_2 + 4e$$

电解槽用钢板制作，在钢板上铺了一层橡胶或合成树脂材料以便绝缘。电极宜

采用耐碱的材料，可用石墨或二氧化铅做阳极，用石墨或炭钢做阴极，两极相距 $3\sim10cm$。阳极电流密度约为 $1\sim10A\cdot dm^{-2}$，电压约维持在 $3\sim7V$ 进行电解氧化。当 CN^- 浓度降到 200ppm 以下，再用 NaClO 氧化分解余下的 CN^-，这样处理会较为经济。

在 CN^- 进行氧化分解时加入少量食盐，能增加 CN^- 的氧化分解效果，因为生成了 NaClO。但现在多采用氧化效率高的材质做阳极，而不加食盐。例如对含氰达到 1000ppm 的溶液，用二氧化铅阳极时氧化效率特别高。

7.2.2 电解氧化除酚

酚能使人中毒，出现头晕、贫血等症状。水体中酚浓度高时会引起鱼类中毒死亡。因此我国工业废水排放规定挥发酚不得超过 $0.5mg\cdot L^{-1}$，饮用水不得超过 $0.002mg\cdot L^{-1}$。

含酚废水中投加一定量的食盐，在敞开式阳极电解氧化槽中，发生以下反应：

阳极 $\qquad\qquad\qquad\qquad 2H^+ + 2e \longrightarrow H_2$

阴极 $\qquad\qquad\qquad\qquad 2Cl^- - 2e \longrightarrow Cl_2$

$$Cl_2 + H_2O \longrightarrow HClO + HCl$$

次氯酸钠在阳极放电而获得初生态氧

$$12\,ClO^- + 6H_2O - 12e \longrightarrow 4HClO_3 + 8HCl + 6[O]$$

初生态氧能氧化水中的酚

$$14[O] + C_6H_5OH \longrightarrow 6CO_2 + 3H_2O$$

此外在阳极还可能发生 OH^- 氧化为氧气，以破坏苯环而生成有机酸。

影响电解氧化酚的因素有阴离子、阴阳极间距、酚的浓度及温度等。在含有酚废水中添加 NaCl，Na_2SO_4，NaOH 几种电解质时，加入 NaCl 氧化酚的速度最快，而加入 NaOH 的速度最慢。极距缩短电耗降低，但因电解槽结构和有气体析出，故极距不能太小。通常耗电量随酚的浓度降低而增加，随温度上升而减少。当废水含酚浓度为 $10\sim50mg\cdot L^{-1}$ 采用石墨阳极和铁阴极，极距为 $10\sim20mm$，加入 $2\sim4g\cdot L^{-1}NaCl$ 时电流密度为 $0.2\sim0.3A\cdot dm^{-2}$，耗电量为 $8\sim20Ah\cdot(g\ 酚)^{-1}$，每立方废水电能消耗为 $2\sim7kW\cdot h$。

估计有机杂质电化学氧化的难易，可采用所谓电化学氧化度（EOI）。它表示电解过程的平均电流效率，其值越大表示有机物越易氧化。计算氧化有机物的部分电流（相对于电解水那部分），并把它转化为每克有机物相当于氧的克数，如下式定义了电化学需氧量（EOD）。

$$EOD = \omega_{O_2}/\omega_{org} = (It/4F)(EOI) \times 32/\omega_{org}$$

式中，I 是电解电流，t 是电解时间，ω_{org} 是有机物的重量。

7.2.3 电解氧化 Cr(Ⅲ) 为 Cr(Ⅵ)

重铬酸盐常用在药物、电子和航空工业中作为可再生的氧化剂，废液中含

Cr(Ⅲ)，经阳极氧化处理后再生 $Cr_2O_7^{2-}$，反应为

$$2Cr^{3+} + 7H_2O \longrightarrow Cr_2O_7{}^{2-} + 14H^+ + 6e$$

氧化三价铬可在流动电解槽中进行，用 Nafion 膜做隔膜，掺氧化铅的锑或不锈钢做阳极。如果含有氟化物等腐蚀性介质，可采用 PbO_2 修饰的陶瓷电极。Nafion 膜能够把废液中的阳离子杂质（如 Al^{3+}、Cu^{2+}）分隔到阴极室，在那里被还原为有附加值的副产品。

7.2.4 电解还原除铬

电解还原除铬通常采用可溶性阳极，常用铁板。通电时，铁阳极在电流作用下电化学溶解，失去电子变成 Fe^{2+} 进入废水，在酸性条件下 Fe^{2+} 把 Cr^{6+} 还原为 Cr^{3+}，反应式为

$$Fe \longrightarrow Fe^{2+} + 2e$$
$$Cr_2O_7^{2-} + 6Fe^{2+} + 14H^+ \longrightarrow 2Cr^{3+} + 6Fe^{3+} + 7H_2O$$
$$CrO_4^{2-} + 3Fe^{2+} + 8H^+ \longrightarrow Cr^{3+} + 3Fe^{3+} + 4H_2O$$

阴极也采用铁板，在阴极上除析出氢外，还有少部分 Cr^{6+} 得到电子，直接还原为 Cr^{3+}，反应式为

$$2H^+ + 2e \longrightarrow H_2$$
$$Cr_2O_7^{2-} + 14H^+ + 6e \longrightarrow 2Cr^{3+} + 7H_2O$$
$$CrO_4^{2-} + 8H^+ + 3e \longrightarrow Cr^{3+} + 4H_2O$$

由于氢的析出，废水中的 OH^- 逐渐增多，使 pH 升高，当 pH＞5 时，三价铬形成 $Cr(OH)_3$ 沉淀，三价铁成为 $Fe(OH)_3$ 沉淀。

$$Cr^{3+} + 3OH^- \longrightarrow Cr(OH)_3$$
$$Fe^{3+} + 3OH^- \longrightarrow Fe(OH)_3$$

电解还原除铬主要靠铁阳极溶出亚铁离子的还原作用，而 Cr^{6+} 在阴极上直接还原是很少的，因此必须使用可溶性铁阳极。为了提高溶液的导电性，防止阳极钝化，可往电解槽中加入食盐。

7.2.5 电解法应用于工业废气的脱硫处理

此法是将浓盐水加入熟石灰中使之成碱性溶液而进行电解，首先制成含有次氯酸钠的溶液，然后将其送到废气吸收塔的上部，用喷淋法吸收废气中的二氧化硫，反应生成硫酸和食盐。

$$NaClO + SO_2 + H_2O \longrightarrow NaCl + H_2SO_4$$

最后将吸收液送入结晶装置中，与碱液溶液中的熟石灰作用，生成石膏而析出。

食盐电解时所产生的 NaClO，因具有杀菌能力，也被利用于处理家庭废水。这种方法在海岸附近配合海水电解之后的电解液，与家庭废水混合进入反应槽中处理最为理想。

7.3 电浮离和电凝聚处理污染物

7.3.1 电浮离

电浮离装置示意图见图 7-1，阴阳极相距 0.5～2cm，放置在电解槽底成水平排列，覆盖整个槽面积，废水从槽的上部缓慢流入槽中。电解产生的气泡吸附废水中之悬浮物或胶状物，使其上浮而被分离，下部则为清洁的水溶液，由下部流出。电解槽由塑料或钢造成，阴极是钢网，阳极是镀铂的钛网或钛上覆盖氧化铅。电解槽的反应是电解水生成氢气和氧气。气泡大小对分离效率有很大的影响，它和电流密度、废水性质和电极面积有关。通常氢气泡为 10～30μm，氧气泡为 20～60μm。

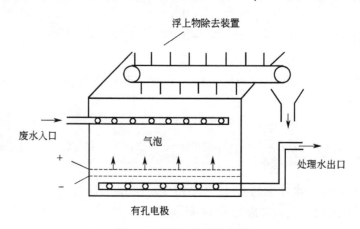

图 7-1 电浮离装置示意图

在处理某些废水时遇到的主要困难是由于阴极表面 pH 升高，镁或其他金属的氢氧化物会沉淀在阴极表面上，使气泡增大，导致分离效率降低。电浮离采用的电流密度比较低，$0.01～0.1A \cdot dm^{-2}$；虽然两极相距很近，但槽电压却达到 5～10V，这是因为废水中含电解质量少。通常处理每立方米水，消耗的电能为 0.2～0.4kW·h。

电浮离法常用于石油工业、机械工业、食品工业和涂料工业等的废水处理。此法具有去除污染物范围广、泥渣量少、工艺简单、设备小等优点，主用缺点是电能消耗较大。研究表明，采用脉冲电流，可大大降低电耗。电浮离法多用于除去细分散悬浮固体和油状物。例如某轧钢厂废水中悬浮固体（主要是铁粉）含量为 $150～300mg \cdot L^{-1}$，橄榄油的含量为 $300～600mg \cdot L^{-1}$，废水流量为 $75m^3 \cdot h^{-1}$。采用 $25m^3$ 的电解槽进行电浮离处理，电极材料为镀铂的钛，电流密度为 $1A \cdot dm^{-2}$，槽电压为 8V，总的能耗为每立方米水 0.275kW·h。处理后的水含固体量降至 $30mg \cdot L^{-1}$ 以下，含油量降至 $40mg \cdot L^{-1}$ 以下，从刮出的泡渣回收铁粉和油。

7.3.2 电凝聚

电凝聚以铝、铁等金属为阳极，在直流电作用下，溶出 Al^{3+}，Fe^{2+} 等离子，经一系列水解、聚合及亚铁离子的氧化过程，逐渐生成各种羟基络合物、多核羟基络合物、氢氧化物，使水中的胶态杂质絮凝沉淀而被分离。水中带电的污染物颗粒则在电场中泳动，其部分电荷被电极中和，促使其脱稳聚沉。废水进行电凝聚处理时，用铝电极比铁电极好，因为形成 $Fe(OH)_3$ 絮凝体要先经 $Fe(OH)_2$，故比较慢；而形成 $Al(OH)_3$ 则快得多。为了降低成本，可用废铝材或废铁板来做电极。

电凝聚法与投加絮凝剂的化学絮凝法相比，具有独特的优点：去除污染物范围广，反应迅速，适用 pH 范围宽，形成的沉渣密实，澄清效果好。电凝聚法已用于处理造纸、纺织印染、肉类加工、油漆涂料及建材加工废水。

对废水进行电解凝聚处理时，不仅对胶态杂质及悬浮杂质有凝聚沉积的作用，而且由于阳极氧化作用和阴极还原作用，能除去水中多种污染物，如阳极氧化除去某些可溶性有机物，二价铁被阳极氧化为三价铁而沉淀出来。例如用此法处理造纸厂的制浆废水（COD 高达 1500～2000ppm，色度也很高），采用铁板电极，槽电压为 10～20V；电解 10～15min，COD 除去 55%～75%，色度去除 90%～95%。若于生物处理相结合，COD 可除去 80%～90%。又如处理污染河水以提供饮用水，可用铝板作电极，电流密度为 $0.5A \cdot dm^{-2}$，槽电压为 13.6V，每立方米水电能消耗为 $0.3kW \cdot h$。

表 7-4 列出处理制革、毛皮、肉类加工、电镀厂等工厂排水采用的各项工艺参数，所用阳极为钢板，极距为 20mm。表 7-5 列出处理效果。

表 7-4 电凝聚处理某些工厂废水的参数

项　目	pH	电流密度 /$A \cdot dm^{-2}$	电能消耗 /$kW \cdot h \cdot m^{-3}$	电解电压 /V	电极消耗 /$g \cdot m^{-3}$
制革厂污水	8～10	0.5～1	1.5～3	3～5	250～700
毛皮厂污水	8～10	1～2	0.6～1.0	3～5	150～200
肉类加工厂污水	8～9	1.5～2.0	1～1.5	8～12	70～110
电镀厂污水	9～10.5	0.3～0.5	0.4～2.5	9～12	45～150

表 7-5 电凝聚法处理废水的某些质量指标

项　目	制革厂		毛皮厂		电镀厂	
	原水	净化水	原水	净化水	原水	净化水
悬浮物/mg	800～2500	100～200	300～1500	100～200	—	—
化学耗氧量	600～1500	350～800	700～2600	500～1500	—	—
透明度	0～2	10～15	1～5	8～10	—	—
硫化物	50～100	3～5				
表面活性剂	40～85	5～20	10～40	4～11		
Cr^{3+}	0.5～10	无	0.5～10	0.2～2.0		
Cr^{6+}	30～60	0.5～1.0	—	—	0.5	0.02～0.04
Cu^{2+}	—	—	—	—	5～18	0.2～1.9
Ni^{2+}	—	—	—	—	9～12	0.3～1.2

7.4 高性能电化学废水处理体系

各种废水中氮和磷的增加使天然水中的海藻急促生长，导致水被严重污染，这已成为全球性的问题。在民用废水和畜牧饲养废水中大部分的氮是以氨的形式出现的，通常用生物消化来处理。这种消化工艺与电化学处理相比，要求较大的处理体系和较长的处理时间，因此成本较高。电化学处理较便宜和效率较高，能把有机污染物完全转化为 N_2、CO_2 等气体。

7.4.1 原理和检测方法

通常电化学氧化处理分为在阳极表面直接氧化和远离阳极表面间接氧化两种。电极材料对处理的影响很大。近年来，氧化物电极因其具有较高的导电性和氧化度而引人注目，人们已开展了有机物在氧化物阳极（MO_x）的机理研究。

水在阳极催化下，产生羟自由基，见反应式(7-1)：

$$H_2O + MO_x \longrightarrow MO_x[\cdot OH] + H^+ + e^- \tag{7-1}$$

吸附的羟自由基进一步分解出吸附的活性氧，见反应式(7-2)：

$$MO_x[\cdot OH] \longrightarrow MO_{x+1} + H^+ + e^- \tag{7-2}$$

在许多含氯化物的废水中，也会产生另一个强氧化剂次氯酸，见反应式(7-3)：

$$H_2O + Cl^- \longrightarrow HOCl + H^+ + 2e^- \tag{7-3}$$

此外，高压脉冲能形成一个高压电场，产生自由基，如 $\cdot OH$，$\cdot O$ 等，见反应式(7-4)：

$$H_2O \longrightarrow \cdot OH, \cdot O, H^+, H_2O_2 \tag{7-4}$$

在废水中的有机物（R）能被 $\cdot OH$ 氧化，见反应式(7-5)～式(7-7)：

$$R + MO_x[\cdot OH] \longrightarrow MO_x + CO_2 + zH^+ + ze^- \tag{7-5}$$

$$MO_{x+1} + R \longrightarrow MO_x + RO \tag{7-6}$$

$$R + HOCl \longrightarrow 产物 + Cl^- \tag{7-7}$$

有机物氧化与阳极材料、NaCl 浓度、电流和电压有关。用直流电源进行电化学处理受 NaCl 和电极材料的影响已被研究过，但至今还没有研究在脉冲处理过程中阳极材料的作用。

在电化学处理废水过程中，电凝聚也会发生。电凝聚的机理被认为形成 $Fe(OH)_3$ 或 $Fe(OH)_2$。

机理 I：

阳极

$$4Fe \longrightarrow 4Fe^{2+} + 8e^- \tag{7-8}$$

$$4Fe^{2+} + 10H_2O + O_2 \longrightarrow 4Fe(OH)_3 + 8H^+ \tag{7-9}$$

阴极

$$8H^+ + 8e^- \longrightarrow 4H_2 \tag{7-10}$$

机理 II：

阳极

$$Fe \longrightarrow Fe^{2+} + 2e^- \tag{7-11}$$

$$Fe^{2+} + 2OH^- \longrightarrow Fe(OH)_2 \qquad\qquad (7\text{-}12)$$

阴极 $\qquad\qquad 2H_2O + 2e^- \longrightarrow H_2 + 2OH^- \qquad\qquad (7\text{-}13)$

为了研究阳极的电催化活性，测量磷酸缓冲溶液及其含有 NH_4Cl 或 NH_3 溶液的循环伏安曲线。铂电极用作对电极，饱和甘汞电极为参比电极。工作电极是平板型的钛、$Ti/RuO_2\text{-}TiO_2$ 和铂，浸入电解液的面积为 $20cm^2$，为了测量电化学处理过程中生成的自由基，使用含有 $50\mu mol \cdot L^{-1}$ p-亚硝基二甲基苯胺（RNO）的 NaCl 溶液（0.02%，w/w）。因为 RNO 能迅速地与自由基起反应，并有选择性。用分光光度计测定与羟自由基反应而被漂白的 RNO 溶液的吸收光谱。

7.4.2 设备和操作

中间试验设备由筛、污水槽、反应器 A、反应器 B、两个沉降槽、直流电源、脉冲电源组成，如图 7-2 所示。用泵把废水通过筛网，分离一些大的固体粒子。经过滤的废水进入反应器 A 处理 15min，然后进入第一个沉降槽 1h，从第一个沉降槽流出的液体进入反应器 B 处理 15min。最后，流出液进入第二个沉降槽 1h 便可放出。

在反应器 A 和 B 的阴极用不锈钢来做，在反应器 A 的阳极用铁来做，在反应器 B 的阳极用 $Ti/RuO_2\text{-}TiO_2$ 来做。阴极和阳极是圆锥形。阳极尺寸为 $\Phi21cm \times \Phi36cm \times H73cm$，阴极与阳极之间的距离为 2cm。电极采用圆锥型是为了扰乱废水流，促进电极与废水之间污染物的传递。直流电加在反应器 A 上，电流密度为 $3mA \cdot dm^{-2}$。高电压脉冲加在反应器 B 上，电压和频率分别为 500V 和 25kHz。

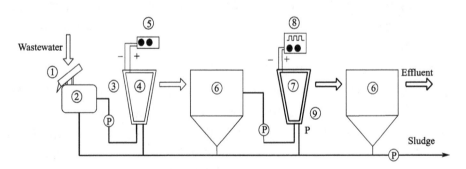

图 7-2　中间试验电化学体系（$0.3m^5 \cdot h^{-1}$）

①筛；②废水槽；③反应器 A（阴极）；④铁阳极；⑤直流电源；⑥沉降槽；
⑦Ti/RuO_2 阳极；⑧脉冲发生器；⑨反应器 B（阴极）

7.4.3 阳极的电催化处理后的水质

用含有海藻的民用水、池塘水和饲养场的废水来评估电化学废水处理体系的性能。试验表明：

① 从循环伏安图观察到铂电极与 $Ti/RuO_2\text{-}TiO_2$ 对氨氧化的催化活性没有多大差异。

② 用 RNO 溶液检测在电化学过程中生成的 OH 自由基，发现用 Ti/RuO_2-TiO_2 阳极产生的 OH 自由基多于用铂阳极和钛阳极产生的量。

③ 能很好地除去民用废水和含有海藻的池塘废水中的 T-N、NH_4-N、T-P 和 COD，几乎全部除去海藻中的叶绿素-α。

电化学处理民用水的中试数据见表 7-6。对含有高浓度悬浮物的饲养场废水，必须预先进行生物处理，才有好效果。

表 7-6 电化学处理民用废水的数据 $(0.3m^3 \cdot h^{-1})$

项 目	T-N/mg·L^{-1}	NH_4-N/mg·L^{-1}	T-P/mg·L^{-1}	COD/mg·L^{-1}
未处理	33.03	23.09	4.5	36.5
已处理	8.86	4.35	0.045	5

注：电流密度为 $3mA \cdot cm^{-2}$；脉冲电压为 500V，频率为 25kHz，T-N 为总氮；NH_4-N 为氨氮；T-P 为总磷；COD 为化学需氧量。

7.5 电渗析

7.5.1 原理和应用

电渗析是在电场作用下，溶液中离子有选择性地透过离子交换膜，使离子从一种溶液透过离子交换膜进入另一种溶液，以达到分离、提纯、浓缩、回收的目的。由于电渗析技术具有药剂用量少、环境污染小、适应性强和操作简便等优点，因此，广泛应用到海水淡化和浓缩制盐、医药及食品工业用水、物质纯化与分离、废水废液处理等方面。

电渗析器由电极、隔板和离子交换膜所组成。电极的作用是提供直流电，形成电场。隔板是用塑料做成的很薄的框架，其中开有进出水孔，在框的两侧紧压着膜，使框中形成小室，可以通过水流。由许多隔板和离子交换膜组成电渗析器。图 7-3 是电渗析装置示意图。将只让阳离子通过的交换膜和只让阴离子通过的交换膜交互排列，通入电流一段时间后，各小室成浓稀相间之溶液。因通入电流后，阴离子和阳离子以相反方向移动，离子由稀释的小室向浓溶液的小室移动，如此浓溶液越来越浓，而稀溶液则越来越稀。

电渗析技术的应用很广，举例如下：

① 海（咸）水淡化，解决海岛、某些沿海地区和远洋船只所需的饮用水，也有用于制备纯水供工业和科研用。如图 7-3 所示，稀溶液即淡化的海水。一般可使含盐量从 $1000 \sim 3000$ppm 减少

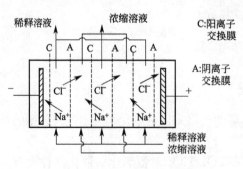

图 7-3 电渗析装置示意图

C:阳离子交换膜

A:阴离子交换膜

到 500ppm；

② 废水处理，例如含镍废水，在电场作用下，其中的 Ni^{2+} 透过阳离子交换膜进入浓缩液中，SO_4^{2-} 透过阴极膜进入浓缩液中。废水经脱除 $NiSO_4$ 后可再用或排放，浓缩液中的 $NiSO_4$ 再用于生产；

③ 从中性盐回收酸和碱，例如从 Na_2SO_4 溶液生成 H_2SO_4 和 $NaOH$。在这种情况下，每对膜要有一对电极。阳极室内形成酸，阴极室内形成碱，在膜之间的 Na_2SO_4 越来越稀释；

④ 从乳酪工厂废水制取乳酸，用阴离子交换树脂和阳离子交换树脂进行电渗析，电流效率接近 100%，乳酸的浓度可达 $400g \cdot dm^{-3}$。

和其他电解槽类似，电渗析槽的能量消耗也取决于槽电压与电流效率，但是影响槽电压与电流效率的因素却不同于一般电解槽。电流只取决于膜的性质，在电极上发生的法拉第过程并不重要。实际上阴极反应几乎总是析出氢，而阳极反应是析出氧或在氯化物介质中析出氧和氯。阴极反应使 pH 升高，可能产生氢氧化物沉淀，因此阴极经常是被酸化了的。含 N 对膜的槽电压分配为

$$V = E_d + \eta_A + \eta_K + NI(R_{阳离子膜} + R_{阴离子膜}) + NIR_{稀溶液} + (N-1)IR_{浓溶液}$$

很明显数值最大那一项是稀溶液的 IR 降，尤其是在过程结束时因总的离子浓度十分低而使 IR 降很大。为了减少这一项，电解的设计必须使膜之间的间隙尽可能小（0.7～1.5mm）。当 $N=100～2000$ 时，与电极反应有关的项目可以忽略。因此，对电极材料的选择主要考虑价格与稳定性。阳极可用石墨、铅、铂，阴极可用铂/钛、不锈钢、铅。

通过膜的最大有用电流密度取决于极化，这是膜表面上缺乏迁移的离子引起的，属于传质问题。因而必须避免在膜/溶液界面间形成停滞层，为此要使电渗析槽在足够高的雷诺数或促进湍流的情况下工作。电渗析操作电流密度范围为 20～200mA·cm^{-2}。

离子交换膜的数目和处理溶液的体积、总离子浓度、离开槽的溶液所要求的离子含量有关。对于水脱盐，常用 100～300 对膜，回收固体盐则要用 1000～2000 对膜。

世界上电渗析工厂不断增加，但在浓缩溶液和脱盐方面与之有竞争的方法是蒸发和反渗透，在稀溶液离子浓度较低、操作规模较大和电能价格较便宜的场合下宜用电渗析。

7.5.2 电渗析膜的分类和性能

电渗析槽的功能在很大程度上由渗析膜的性质所控制。电渗析采用的膜是离子交换膜，按膜中活性基团不同分为以下几种。

（1）阳离子交换膜：能离解出阳离子的离子交换膜，或者说在膜的结构中含有酸性活性基团的膜。它能选择性透过阳离子，而不让阴离子透过。按酸性基团离解能力的强弱可分为强酸性，如磺酸型（—SO_3H）；中强酸性，如磷酸型

（—OPO_3H_2）、膦酸型（—PO_3H_2）；弱酸性，如羧酸型（—$COOH$）、酚型（—C_6H_4OH）。

（2）阴离子交换膜：能离解出阴离子的阴极离子交换膜，或者说在膜的结构中含有碱性活性基团的膜。它能选择性透过阴离子，而不让阳离子透过。可分为强碱性，如季铵型（—$N(CH_3)_3OH$）；弱碱性，如伯、仲、叔胺型。

（3）复合膜：由一张阳离子交换膜和一张阴离子交换膜复合而成，工作时阳离子交换膜对阴极，阴离子交换膜对阳极。在废水处理中可以利用复合膜产生的H^+或OH^-与废水中的其他离子相结合，来制取某些产品。

也可根据制造工艺不同分为：

① 异相膜，直接用磨细的离子交换树脂与黏合剂混合加工而成，活性基团分布不均匀。

② 均相膜，由离子交换树脂直接制得，活性基团分布均匀。

③ 半均相膜，将树脂与黏合剂同溶于溶剂中，然后再成膜，性能介于上述两者之间。

离子交换膜的性能如下。

（1）膜的选择透过性：可用选择透过率 p 来表示

$$p = \frac{t_膜 - t_液}{t_膜} = 1 - \frac{t_液}{t_膜}$$

式中，$t_液$ 为离子在溶液中的迁移数，$t_膜$ 为离子在膜中的迁移数。显然，在膜中迁移数越大，p 越高，表示膜的选择性越好。理想的 $p=1$，但实际大多数的 p 为 $0.9 \sim 0.95$，其值随膜的类型、离子种类和溶液浓度等条件而异。

（2）导电性：一般来说，膜的交换容量越大和厚度越小，导电性越强。均相膜的导电性比异相膜好；溶液浓度越大，温度越高，膜的导电性越强。

（3）交换容量：指单位重量膜中所含活性基团数量，通常以每克干膜所含水的可交换离子的毫摩尔数来表示，其值影响到膜的选择透过性和导电能力。

（4）膜的溶胀度和含水率：前者以伸长率来表示，后者以每克膜所含水的重量百分数来表示，它们是膜结构松紧程度的标志。

（5）化学稳定性：一般用交换容量变化或使用寿命来衡量。

（6）机械强度：常用爆破强度和抗拉强度来衡量。

用于电渗析的离子交换膜应具有高的选择透过率、低电阻、抗氧化耐腐蚀性好、机械强度高、使用过程中不发生变形等优良性能。

用化学修饰的 Nafion 膜（膜的一面电沉积了聚乙烯亚胺）对含 Mg^{2+}，Zn^{2+}，Mn^{2+} 的酸性废水进行电渗析，把这些二价金属盐分离出来，直到被处理水中的盐浓度低至 0.5%，仍然不会因电阻增加而使电耗明显增加。这种修饰膜的性能优于其他处理这种废水的商品膜，而且有可能在膜堆内直接再生。

固体离子交换电解质成功用于电导率低的水电化学脱氧。填充床三度空间阴极混有离子交换树脂，故有足够的电导。蒸馏水用氢离子交换树脂，水塔水用钙离子交换树脂。富氧低电导率水通过此阴极时，溶解氧被还原为水。去氧效率大于99.9％，电流效率为90％，每立方米氧饱和水耗能 0.06kW·h。

参 考 文 献

[1]　韩庆生，陶映初. 污水净化电化学技术. 武汉：武汉大学出版社，1998.

[2]　高小霞. 电化学分析法在环境监测中的应用. 北京：科学出版社，1982.

[3]　王振坤. 离子交换膜—制备、性能及应用. 北京：化学工业出版社，1986.

[4]　高以炬，叶凌碧. 膜分离技术基础. 北京：科学出版社，1989.

[5]　Dahmen E A F, Electlrodialysis：Theroy and Application in Aqueou and non-aqueous Media and in Automated Chemical Control. Amsterdam：Elsevier 1986.

[6]　Tamminen A，Vuorilehto K. "Application of a three-dimensional ion-exchange electrolyte in the deoxgenation of low-conductivity water". J. Appl. Electrochem. 1997，27，1095.

[7]　Rajieshwar K，Ibanez J G. " Electrochemistry ang Environment", J. Appl. Chem. 1994，24：1077.

[8]　Sistat P，Pourcelly G Turcotte N T. "Electrodialysis of acid effluents containing metallic divalent salts". J. Appl. Electrochem. 1997，27：65.

[9]　Kemakoon C L K，Bhardwaj R C，Bockris J O'M. "Electrochemocal treatment of human waste." J. Appl. Electrochem. 1997，27：65.

第**8**章 电化学腐蚀与防护

8.1 金属腐蚀与防护的意义

金属腐蚀现象在日常生活中是司空见惯的。例如，汽车、自行车、洗衣机产生的红锈，海边钢结构建筑物的破坏，用铝锅装盐会穿孔，夏日旅行归来，自来水管里流出红水等。金属被腐蚀后显著影响了它的使用性能，其危害还不仅仅是金属本身受损失，更严重的是金属结构遭破坏。有时，金属结构的价值比起金属本身来说要大得多，例如汽车、飞机及精密仪器等，制造费用远远超过金属的价值。据估计，全世界每年因腐蚀而不能使用的金属制品的重量约相当于金属年产量的 1/4 到 1/3。我国每年因腐蚀造成的经济损失至少达 200 亿元。而在这些损失中，如能充分利用腐蚀与防腐知识加以保护的话，有近 1/4 是完全可以避免的。此外，由于金属设备受腐蚀而引起的停工减产，产品质量下降，爆炸以及大量有用物质（例如地下管道输送的油、水、气等）的渗漏等造成的损失也是非常惊人的。因此，搞好腐蚀的防护工作，不仅仅是技术问题，而是关系到保护资源、节约能源、节省材料、保护环境、保证正常生产和人身安全、发展新技术等一系列重大的社会和经济问题。

金属的腐蚀与防护往往是涉及广泛领域的复杂问题，那么为什么在电化学中要讨论金属腐蚀问题呢？主要是因为大部分的金属腐蚀现象是由于电化学的原因引起的。例如锅炉壁和管道受锅炉水的腐蚀，船壳或码头台架在海水中的腐蚀；桥梁钢架在潮湿的大气中的腐蚀，地下管道在土壤中的腐蚀；金属在熔盐中的腐蚀等，这些腐蚀现象都是由于金属与一种电解质（水溶液或熔盐）接触，因此有可能在金属/电解质界面发生阳极溶解过程（氧化）。这时如果界面上有相应的阴极还原过程配合，则电解质起离子导体的作用，金属本身则为电子导体，因此就构成了一种自发电池，是金属的阳极溶解持续进行，产生腐蚀现象。这就是金属的电化学腐蚀过程。本章利用电化学知识来分析各种腐蚀现象，了解发生的机理，从而拟定合适的防腐蚀措施。

8.2 金属的电化学腐蚀

金属表面由于外界介质的化学或电化学作用而造成的变质及损坏的现象或过程称为腐蚀。介质中被还原物质的粒子在于金属表面碰撞时取得金属原子的价电子而被还原，与同区价电子的被氧化的金属"就地"形成腐蚀产物覆盖在金属表面上，这样一种腐蚀过程称为化学腐蚀。由于金属是电子的良导体，如果介质是离子导体的话，金属被氧化与介质中被还原的物质获得电子这两个过程可以同时在金属的不同部位进行。金属被氧化成为正价离子（包括配合离子）进入介质或成为难溶化合物（一般是金属的氧化物或含水氧化物或金属盐）留在金属表面。这个过程是一个电极反应过程，叫做阳极反应过程。被氧化的金属所失去的电子通过作为电子良导体的金属材料本身流向金属表面的另一部位，在那里由介质被还原的物质所接受，使它的价态降低，这是阴极反应过程。在金属腐蚀学中，习惯地把介质中接受金属材料的电子而被还原的物质叫做去极化剂。经过这种途径进行的腐蚀过程，称为电化学腐蚀。在腐蚀作用中最为严重的是电化学腐蚀，它只有在介质中存在离子导体时才能发生。即使是纯水，也具有离子导体的性质。在水溶液中的腐蚀，最常见的去极化剂是溶于水的氧（O_2）。例如常温下的中性溶液中，钢铁的腐蚀一般是以氧为去极化剂进行的：

阳极： $$Fe \longrightarrow Fe^{2+} + 2e$$

阴极： $$\frac{1}{2}O_2 + H_2O + 2e \longrightarrow 2OH^-$$

进一步反应： $$Fe^{2+} + 2OH^- \longrightarrow Fe(OH)_2$$

总的反应： $$Fe + \frac{1}{2}O_2 + H_2O \longrightarrow Fe(OH)_2$$

如果氧供应充分的话，$Fe(OH)_2$还会逐步被氧化成含水的四氧化三铁 $Fe_3O_4 \cdot mH_2O$ 和含水的三氧化二铁 $Fe_2O_3 \cdot nH_2O$。钢铁在大气中生锈，就是一个以 O_2 为去极化剂的电化学腐蚀过程，直接与金属表面接触的离子导体介质是凝聚在金属表面上的水膜，而最后形成的铁锈是成分很复杂的铁的含水氧化物，有时还有一些含水的盐。一般氧最容易到达铁锈的最外层，其中铁是三价；铁锈最里面，铁是二价；中间层可能是含水的四氧化三铁。

在酸性溶液中电化学腐蚀过程的另一个重要的去极化剂是 H^+。在常温下，对铁而言，在酸性溶液中可以 H^+ 离子为去极化剂而腐蚀，其过程是：

阳极： $$Fe \longrightarrow Fe^{2+} + 2e$$

阴极： $$2H^+ + 2e \longrightarrow H_2 \uparrow$$

总的反应： $$Fe^{2+} + 2H^+ \longrightarrow Fe^{2+} + H_2 \uparrow$$

故此时腐蚀反应的产物是氢气和留在溶液中的二价铁离子。

除了氧和氢离子这两种主要的去极化剂外，在水溶液中往往还有其他物质作为去极化剂引起的电化学腐蚀。例如，在酸性溶液中溶液在有＋3价的 Fe^{3+} 离子时，它可以作为电化学腐蚀过程的去极化剂而还原成＋2价的亚铁离子 Fe^{2+}：

$$Fe^{3+} + e \longrightarrow Fe^{2+}$$

在用酸清洗钢铁表面的铁锈，即所谓"酸洗"时，锈层溶于酸中，形成一定量的 Fe^{3+} 离子和 Fe^{2+} 离子。Fe^{3+} 离子就可以作为去极化剂使钢铁腐蚀。如果酸液面上有空气，Fe^{2+} 离子可以在液面附近被空气中的 O_2 氧化成 Fe^{3+} 离子，成为去极化剂。这就形成一循环过程：Fe^{3+} 离子在钢铁表面作为去极化剂还原成 Fe^{2+} 离子，再到液面附近被 O_2 氧化成 Fe^{3+} 离子，继续作为去极化剂使钢铁腐蚀，起着"氧的输送者"的作用。虽然溶解在溶液中的氧本身就是有效的去极化剂，但由于常温常压下 O_2 在水溶液中的溶解度很小，由其去极化剂而引起的腐蚀速度是不大的，有"氧的输送者"存在时，腐蚀速度就会大大增加。

上述就是腐蚀现象，都是假定阳极和阴极反应是在表面相同的位置发生的，这样引起的金属腐蚀是均匀的，称为均匀腐蚀，见图 8-1(a)。实际上，金属中总是或多或少含有杂质，是不均匀的。有些金属中还有目的地加入其他成分，以改善其力学性能或耐腐蚀性，例如合金，但也因此引起了一定程度的不均匀性。有些金属构件在加工过程中产生了内应力，同样造成不均匀性。另外，腐蚀介质也可能因浓度差等原因产生局部的不均一性。这种金属/溶液界面的不均一性是产生局部腐蚀的原因。局部腐蚀的危害比均匀腐蚀要严重得多，因为金属腐蚀的阳极反应和共轭阴极反应，由于金属/溶液界面的不均一性而产生空间分离，阳极反应往往在极小的局部范围内发生，此时总的阳极溶解速率虽然仍然等于总的共轭阴极反应速率，但阴极电流密度（单位面积内的

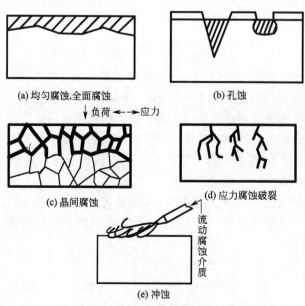

(a) 均匀腐蚀,全面腐蚀   (b) 孔蚀

↓负荷 ←→应力

(c) 晶间腐蚀   (d) 应力腐蚀破裂

流动腐蚀介质

(e) 冲蚀

图 8-1　不同类型腐蚀示意图

反应速率）却大大增加了，即局部的腐蚀强度大大加剧了。例如一根均匀腐蚀的铁管可以连续使用很长时间而无大碍，但如局部腐穿就只能报废。典型的局部腐蚀有孔蚀［见图 8-1（b）］、晶间腐蚀［见图 8-1（c）］、脱成分腐蚀、冲蚀［见图 8-1（e）］和应力腐蚀破裂［见图 8-1（d）］等。

孔蚀是在材料表面，形成直径小于 1mm 并向板厚方向发展的孔。介质发生泄漏，大多是孔蚀造成的，而且它的发展速度也是很快的，大多为每年数毫米。

晶间腐蚀是沿着金属材料的晶界产生的选择性腐蚀，尽管晶粒几乎不发生腐蚀，但仍然导致材料破坏。例如，不锈钢贫铬区产生的晶间腐蚀，是由 $Cr_{23}C_6$ 等碳化物在晶界析出，使晶界近旁的铬含量降到百分之几以下，故这些部位耐腐蚀性降低。铝合金、锌、锡、铝等，也存在由于在晶界处不纯物偏析，导致晶界溶解速度增加的情况。

合金中某种特定成分由于腐蚀溶解而减少，被称为脱成分腐蚀。例如黄铜脱锌腐蚀，它容易发生在含有氯离子的高温水中，机理究竟是锌溶解而铜不被腐蚀，还是 Zn 和 Cu 同时溶解，然后铜又析出，尚未搞清楚。家用热水器所用的黄铜制龙头，经几年使用后变成铜色，就是我们身边发生的这种腐蚀的实例。

冲蚀是在冲击的机械作用下，处理表面发生磨损的同时又加入腐蚀作用，两者相互促进，产生严重的侵蚀。气相流体中的液滴、液相流体中的固体粉末、液体中的漩涡产生的空穴、弯管等部位发生的涡流等，都能破坏表面膜，加速腐蚀。

应力腐蚀破裂是一种在特定环境组合下，铝合金和不锈钢与氯化物水溶液、铜合金与氨水、碳钢和碱性水溶液等，由于低的拉应力导致金属材料破裂的现象。破裂有沿晶（晶界破裂）穿晶（晶粒破裂）两种。它们对于受应力的器械危害最大，如高压锅炉、飞机侧面薄壁、钢索、机械的轴等，如果发生这类腐蚀就可能使器械突然崩裂而酿成事故。

8.3　腐蚀电池

从整个发生反应来说，无论是化学发生或是电化学发生都是金属的价态升高而介质中某一物质中元素原子的价态降低的反应，即氧化还原反应。在电化学发生过程中，这种氧化还原反应通过阳极反应和阴极反应同时而分别进行的。这种情况酷似将化学能直接转变为电能的原电池。但金属本身起着将原电池的负极和正极短路的作用。一个电化学发生体系（金属和腐蚀介质）可以看作是一个短路的原电池，其阳极反应使金属材料破坏，由于金属本身已起着短路作用，不能输出电能，腐蚀体系中进行的氧化还原反应的化学能全部以热能的形式散失。这种导致金属材料破坏的短路原电池称为腐蚀电池。当金属表面含有一些杂质时，由于金属的电势和杂质的电势不尽相同，可构成以金属和杂质为电极的许多微小的短路电池，称为微电池（或局部电池），从而引起腐蚀。

不论腐蚀电池的阳极反应和阴极反应是随机地均匀分布在整个金属表面上进行，还是不均匀地分布在"阳极区"和"阴极区"上进行，阳极反应都是金属从零价被氧化到正价的氧化反应，阴极反应都是去极化剂被还原的反应。

腐蚀电池的电动势的大小影响腐蚀的倾向和速度。两种金属一旦构成腐蚀电池后，有电流通过电极，电极就要发生极化，而极化作用则会改变腐蚀电池的电动势。因而需要研究极化对腐蚀的影响。一般用电化学方法研究金属腐蚀可以迅速地得到金属在溶液中的腐蚀速度数据以及找出各种因素对腐蚀的影响；另外，用电化学方法探讨腐蚀的机理比其他方法容易，弄清了腐蚀反应机理后，就可采取措施将腐蚀速度降至可忽略或可接受的程度。

当金属侵入溶液中按电化学机理被腐蚀时，在金属和溶液界面上，即使没有净电流通过，仍有净的化学反应在进行着，这时所建立起来的电极电势称为腐蚀电势。在腐蚀着的金属与溶液界面上同时进行着两对或者更多的、不同的氧化还原反应。例如，某金属浸在酸溶液中有：

$$M^{n+}+ne \underset{\overleftarrow{j_1}}{\overset{\overrightarrow{j_1}}{\rightleftharpoons}} M$$

和

$$H^{+}+e \underset{\overleftarrow{j_2}}{\overset{\overrightarrow{j_2}}{\rightleftharpoons}} \frac{1}{2}H_2$$

这样两对氧化还原反应同时进行着。没有净电流通过，就意味着电荷在两相的转移是平衡的，即有：

$$\overrightarrow{j_1}+\overrightarrow{j_2}=\overleftarrow{j_1}+\overleftarrow{j_2}$$

但是往往

$$\overrightarrow{j_1}\neq\overleftarrow{j_1},\overrightarrow{j_2}\neq\overleftarrow{j_2}$$

也就是说，物质的转移是不平衡的，金属溶解和氢气产生的净速度分别为 $j_1=\overrightarrow{j_1}-\overleftarrow{j_1}$ 和 $j_2=\overrightarrow{j_2}-\overleftarrow{j_2}$。一般情况下，金属离子的放电速度和氢气分子的电离速度都很小，可忽略不计，即：

$$\overrightarrow{j_1}\gg\overleftarrow{j_1}，和\overrightarrow{j_2}\gg\overleftarrow{j_2}$$

则有

$$\overleftarrow{j_1}\approx\overrightarrow{j_2}$$

将有金属不断溶解，氢不断析出。这就产生金属不断被腐蚀的情况，在酸溶液中金属溶解（j_1）和氢析出（j_2）的总速度与电极电势关系如图 8-2 所示。图中 φ_M 是金属在酸溶液中的可逆电势，φ_{H_2} 是氢的可逆电势，φ_C 是腐蚀电势

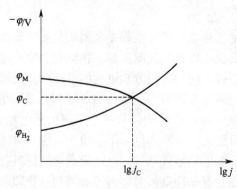

图 8-2　在酸溶液在金属溶解（j_1）和氢析出（j_2）的总速度与电极电势的关系

（也称稳定电势或混合电势），在此电势时，$\varphi_m = \varphi_H = \varphi_C$，$j_1 = j_2 = j_C$，$j_C$ 即是金属在酸溶液中的自发溶解速度或称腐蚀速度。影响金属表面腐蚀速度的因素主要有金属极化性能、金属的可逆电极电势和氢在金属表面上的超电势。

8.4 电势-pH 图及其在金属防护中的应用

为了解好防止金属的腐蚀，首先应了解金属本身、它的可溶性离子以及各种氧化物和难溶盐的稳定存在条件，电势-pH 图就是了解这些条件的有力工具，因此它在腐蚀研究中有着广泛的应用。

众所周知，很多氧化还原反应不仅与溶液中离子的浓度有关，而且与该溶液的 pH 值有关，如果指定浓度，则 φ 仅与 pH 有关。由此可画出一系列的等温浓度的 φ-pH 线（这些线可以用热力学数据计算）汇成的图称 φ-pH 图。它相当于研究相平衡时使用的相图，但所有参数不只是 T、p 和组成，还包括控制氧化还原反应的电极电势和控制溶液中溶解、离解反应的 pH 这两个参数。故 φ-pH 图是一种电化学平衡图，最早用于研究金属腐蚀问题，极有成效，随后在电化学、无机分析、湿法冶金和地质科学等方面都有广泛应用。这里通过一些典型的实例介绍 φ-pH 图的构成及其应用。

8.4.1 Fe-H$_2$O 体系的 pH 图的构作

构作 φ-pH 图通常包括下列步骤：

(1) 确定体系中可能发生的各类反应，列出各反应（或主要反应）的平衡方程式。

(2) 根据参与反应的各组分的热力学数据计算出各反应的 $\Delta_r G_m^\theta$，从而求出反应的 φ^θ 和 K_a 值。

(3) 导出体系中各反应的 φ 和 pH 的计算式。再根据指定的离子活度（或气体分压）、温度等计算出各个反应的 φ 和 pH 值。

(4) 将每个反应的计算结果表示在以 φ 为纵坐标、pH 为横坐标的 φ-pH 图上。

φ-pH 的对应关系归纳起来有 3 种类型的直线，以 Fe-H$_2$O 体系 298K 的 φ-pH 图（见图 8-3）为例。

(1) 有 H$^+$ 或 OH$^-$ 参加的氧化还原反应，这类反应的平衡电势与 pH 有关，例如：

$$Fe_2O_3 + 6H^+ + 2e \Longrightarrow 2Fe^{2+} + 3H_2O$$
$$\varphi = (0.78 - 0.1773pH - 0.05916 lg a_{Fe^{2+}})V$$

指定 $a_{Fe^{2+}} = 10^{-6}$ 时

$$\varphi = (1.083 - 0.1773pH)V$$

在图中为 (D) 线，这是一条倾斜的线，在 (D) 线的左下方 Fe^{2+} 占优势，右上方

Fe_2O_3 占优势。

(2) 没有 H^+ 或 OH^- 参加的氧化还原反应，这类反应的平衡电势与 pH 无关，因此是平行于横轴（pH 轴）的直线，例如：

$$Fe^{2+} + 2e = Fe$$

$$\varphi = \varphi^{\theta}_{\frac{Fe^{2+}}{Fe^{3+}}} - 0.05916 \lg \frac{\alpha_{Fe^{2+}}}{\alpha_{Fe^{3+}}} = \left(0.771 - 0.05916 \lg \frac{\alpha_{Fe^{2+}}}{\alpha_{Fe^{3+}}}\right) V$$

设 $\alpha_{Fe^{2+}} = \alpha_{Fe^{3+}} = 10^{-6}$，则

$$\varphi = 0.771 - 0.0592V = 0.712V$$

此即图 8-3 中平衡于 pH 轴的（B）线。在（B）线以上，氧化态 Fe^{3+} 占优势，在（B）线以下，还原态 Fe^{2+} 占优势。

(3) 有 H^+ 或 OH^- 参加的非氧化还原反应，这类反应只和反应物的浓度及 pH 值有关，而不受电势的影响，故是平行于纵坐标的直线。例如：

$$Fe_2O_3 + 6H^+ \Longrightarrow 2Fe^{3+} + 3H_2O$$

平衡常数 $K_a = \alpha^2_{Fe^{3+}} / \alpha^6_{H^+}$

$$\lg K_a = 2\lg \alpha_{Fe^{3+}} + 6pH$$

该反应的 $\Delta_r G^{\theta}_m$ 可由热力学数据求的

$$\begin{aligned}\Delta_r G^{\theta}_m &= 2\Delta_f G^{\theta}_{m(Fe^{3+})} + 3\Delta_f G^{\theta}_{m(H_2O)} - \Delta_f G^{\theta}_{m(Fe_2O_3)} \\ &= [2 \times (-10.59) + 3 \times (-273.2) - 741] kJ \cdot mol^{-1} \\ &= 8.22 kJ \cdot mol^{-1}\end{aligned}$$

由此可求得 $K_a = 0.0362$，故得

$$\lg \alpha_{Fe^{3+}} = -0.7203 - 3pH$$

此式与 φ 无关，当 $\alpha_{Fe^{3+}}$ 有固定值时，pH 也有定值，故在 φ-pH 图中是一条垂直的直线，即（A）线。

设 $\alpha_{Fe^{3+}} = 10^{-6}$，则代入上式后得 pH$=1.76$，即图 8-3 中垂直线（A）；在垂直线的左方侧 pH<1.76，Fe_2O_3 占优势。

因为很多情况下是水为溶剂的体系，H_2O 分子和 H^+，OH^- 离子总是存在并可能参加反应，因此 φ-pH 图上总要绘出水的 φ-pH 图，即同时画出下列两个反应的平衡关系：

(a)

$$2H^+ + 2e \Longrightarrow H_2$$

$$\varphi = (-0.05916pH - 0.0295 \lg \rho_{H_2}) V$$

(b)

$$O_2 + 4H^+ + 4e \Longrightarrow 2H_2O$$

$$\varphi = (1.23 - 0.0591pH + 0.0148 \lg \rho_{O_2}) V$$

在图 8-3 中分别用虚线（a）、（b）表示。

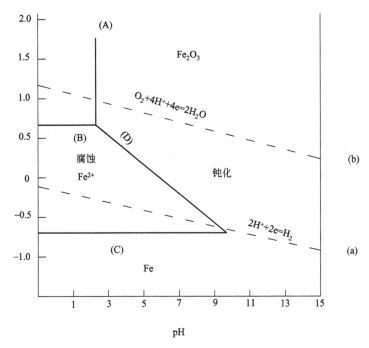

图 8-3 Fe-H₂O 体系的部分 pH 图 (298K)

在电势低于（a）线时，有利于 $H_2(g)$ 的存在，是 $H_2(g)$ 的稳定区。H^+ 或 H_2O 将被还原成 H_2，（a）线的上方有利于 H^+ 离子的存在，是 H^+ 离子的稳定区。原因是：如果反应体系的 φ 离开上述平衡关系而降低时，从

$$\varphi = 0 + \frac{0.0591}{2}\lg\frac{m_{H^+}^2}{P_{H_2}}$$

可看出，为了达到新的平衡，m_{H^+} 要减小，而 P_{H_2} 要增大，故线（a）的下方有利于 H_2 的存在，称 H_2 的稳定区。反之，（a）线的上方有利于 H^+ 的存在，称 H^+ 的稳定区。故在 φ-pH 图上，在曲线的上方是氧化态的稳定区，下方是还原态的稳定区。

当电势高于（b）线时，H_2O 或 OH^- 将被氧化成 O_2，因此，（b）线以上是 O_2（氧化态）的稳定区，（b）线以下为水的（还原态）的稳定区，多余的氧还原而生成水。

曲线（a）、（b）将整个水的 φ-pH 图划分成三个区域，上部为氧的热力学稳定区，下部为氢的热力学稳定区，中间的为水的热力学稳定区。

8.4.2 Fe-H₂O 体系的 φ-pH 图在金属防护上的应用

Fe-H₂O 体系是 φ-pH 图中常见的一种类型。下面着重来讨论铁的腐蚀。前已指出，金属在外界氧化剂的作用下放出电子转变成离子的过程（M —→ M^{n+} +

ne），称为金属的腐蚀。当与金属或其覆盖物平衡着的可溶性离子的浓度总和小于 $10^{-6}\,mol\cdot L^{-1}$ 时，认为没有腐蚀，而当可溶性离子的浓度总和大于 $10^{-6}\,mol\cdot L^{-1}$ 时，则认为被腐蚀。这样的规定，以图 8-3 为基础，图 8-4 对应于 $10^{-6}\,mol\cdot L^{-1}$ 的曲线，把 φ-pH 图分为以下几个区域。

腐蚀区：在这区域内，稳定的是可溶性的 Fe^{2+} 离子、Fe^{3+} 离子或 $HFeO_2^-$ 离子，所以这区域对铁而言是热力学不稳定的、可被腐蚀的。

稳定区（免蚀区）：该区内铁处于热力学稳定状态，不被腐蚀。

钝化区：在该区内，处于热力学稳定状态的是把金属和介质隔开的氧化物（如 Fe_2O_3，Fe_3O_4）或氢氧化物的保护膜。

从图 8-4 可知，铁在 pH 5～9 之间的中性介质中，是会发生腐蚀的，因为它处于腐蚀区内。同样也可根据该 φ-pH 图做出铁防腐的措施，即找出一定 pH 和电势的条件，使它落在腐蚀区之外或加入有关添加剂来缩小腐蚀区的范围，以防止铁的腐蚀。例如在中性溶液中，铁试片的电势处于图 8-4 的 x 处，显然，由于此时铁处在腐蚀区内，铁将发生腐蚀而生成 Fe^{2+}。如果能将铁所处的位置移出腐蚀区，则就能达到防止腐蚀的目的。从 φ-pH 图来看，可采取下列措施：

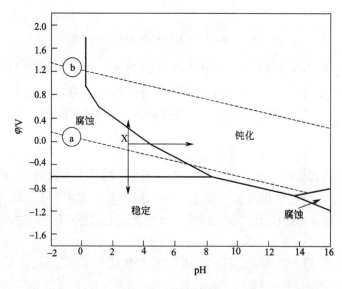

图 8-4 铁的腐蚀图

（1）调节介质的 pH 值：又图 8-4 可知，若将介质的 pH 值调整在 9～13 之间，铁就不会腐蚀了，因为在这种情况下，当电势较低时落在稳定区，电势较高时，由于铁表面生成 Fe_2O_3 或 Fe_3O_4 钝化膜而进入钝化区。根据这一原理，为了防止钢铁在工业用水中的腐蚀，常常加入一些碱，使水中 pH 值在 9～13 之间。但也要注意，介质的碱性不能过高，以免生成可溶的 $HFeO_2^-$ 离子的反应发生，导致进入图中右下方的小三角形腐蚀区内而遭腐蚀。

(2) 阴极保护：当介质的 pH 在 $0\sim9$ 之间时，可采取将铁的电势降低到 Fe^{2+}/Fe 平衡电势的 $-0.6V$ 以下，则可进入稳定区，就可使铁免遭腐蚀。方法是把要保护的金属构件与直流电源的阴极相连，使被保护金属的整个表面变成阴极，以达到保护金属的目的。阴极保护用来防止金属设备在海水或河水中腐蚀非常有效。

(3) 金属钝化：当将铁的电势沿正方向升高进入钝化区时，则金属表面被一层氧化物保护膜所覆盖，就可以达到防护的目的。方法之一将铁作阳极，通以一定的电流使其发生阳极化来达到，这常称阳极保护法。但更常用的方法是在溶液中加入阳极缓蚀剂或氧化剂（如铬酸盐、重铬酸盐、硝酸钠、亚硝酸钠等），使金属表面生成一层钝化膜。如将铬酸盐加入溶液中，由于产生下列反应：

$$6Fe^{2+}+2CrO_4^{2-}+4H_2O \Longrightarrow 3Fe_2O_3+Cr_2O_3+8H^+$$

使金属表面不仅产生 Fe_2O_3，还生成新的、具有保护作用的 Cr_2O_3 水合物固相，这样就扩大了钝化区，使本来是 Fe^{2+} 稳定的腐蚀区大为缩小。

当铁中加入特定的金属如铬形成金属铬钢后，抗蚀性能将大增，其原因可通过对合金组成元素的 φ-pH 图的迭加分析得到理解。图 8-5 是铬的腐蚀图。图 8-6 是 $Fe-H_2O$ 与 $Cr-H_2O$ 两体系 φ-pH 图的迭加图，从图 8-5 可看出，由于铬的钝化电势较铁低，它是比铁更容易钝化的金属，只要铁中含有 $12\%\sim18\%$ 的铬，其钝化性能就能类似于铬，从而使铁的腐蚀区缩小（见图 8-6），抗腐蚀性能因而增强。

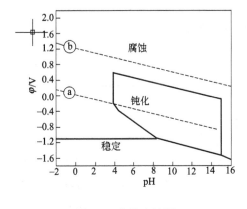

图 8-5　铬的腐蚀图

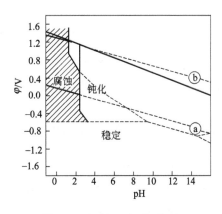

图 8-6　$Fe-H_2O$ 与 $Cr-H_2O$ 两体系的 φ-pH 叠加图

在使用 φ-pH 图时，必须注意以下事项：

(1) φ-pH 图只是从热力学的角度分析铁和一些其他金属发生腐蚀的可能性，并可帮助寻找防止腐蚀的各种热力学条件，但它不包含与速度有关的信息，因此它不能作出对腐蚀速度和防止腐蚀的确切可能性（如形成固相膜是否是完整的、非多孔性的致密表面膜，是否能起防腐蚀作用）的判定，这是在使用 φ-pH 图时必须注意的。

（2）要注意温度、电解质的影响。因为用于计算平衡反应的热力学常数是温度的函数，温度不同，φ-pH 图不同。图 8-7 用三维关系表示铁的 φ-pH-温度的关系，温度升高，碱性腐蚀区扩大。

（3）假如电解质中含有与金属离子形成络合物的离子（CN^-、NH_4^-、Cl^-等）时，氧化物和金属的稳定区变窄，腐蚀区扩大。特别是当含有 Cl^- 离子时，氧化物变得局部不稳定，发生孔蚀等局部腐蚀。但是，从 φ-pH 图的热力学稳定性上很难预测它的发生。

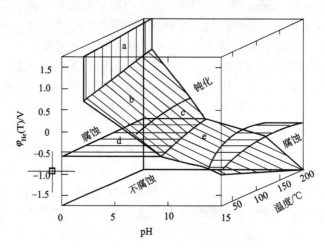

图 8-7　铁-水体系的电位-pH-温度图

（4）合金元素的影响。由于存在合金中各元素的活度、复合氧化物形成等复杂问题，各合金元素稳定性叠加的结果大都以合金的整体的稳定性加以讨论。

8.5　金属的电化学防腐蚀

从腐蚀角度保护金属材料最简单易行的方法是将材料与腐蚀环境隔离。例如有机涂料、无机物的搪瓷等涂覆金属表面以使材料与腐蚀环境隔绝。当这些保护层完整时是能起到保护作用的。这里主要介绍已经广为人们采用的电化学防腐蚀方法。

8.5.1　金属镀层

用电镀法在金属的表面涂一层别的金属或合金作为保护层，例如在自行车上镀铜锡合金当底层，然后镀铬，铁制自来水管镀锌以及某些机电产品镀银或金等都可以达到防腐蚀的目的。电镀时借助于电解作用，在金属制件表面上沉积一薄层其他金属的方法。包括镀前处理（除油、去锈）、镀上金属层和镀后处理（钝化、去氢）等过程。电镀时，将金属制件作为阴极，所镀金属作为阳极，浸入含有镀层成分的电解液中，并通入直流电，经过一段时间即得沉积镀层。

8.5.2 阳极保护

阳极保护是指用阳极极化的方法使金属钝化，并用微弱电流维持钝化状态，从而保护金属。此法是基于对金属钝化现象的研究提出的。因此，要弄清阳极保护的原理，首先要明白金属钝化的原理。

金属阳极溶解时，在一般情况下，电极电势愈大，阳极溶解速度愈大。但在有些情况下，当正向极化超过一定数值后，由于表面某种吸附层或新的成相层的形成，金属的溶解速度非但不增加，反而急剧下降。

在金属被化学溶解时也有类似情形。例如铁浸在硝酸溶液中，随着硝酸浓度的升高，铁的溶解速度加快。但当硝酸浓度超过某一临界值后，铁的溶解速度反而显著降低。这种在强化条件下金属正常溶解反而受到阻抑的现象叫做金属的钝化。

用控制电势法测定阳极极化曲线，可以清楚地了解金属的钝化过程。如图8-8所示就是典型的恒电势阳极极化曲线。

曲线分为四个区域：AB段为活性溶解区，金属进行正常的阳极溶解。当电势达到 $\varphi_{钝}$ 时，金属发生了钝化过程。金

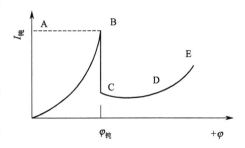

图8-8　恒电势阳极极化曲线

属的溶解速度剧烈降低，故 $\varphi_{钝}$ 为临界钝化电势。BC段是过渡钝化区，金属表面由活化状态过渡到钝化状态。CD段是稳定钝化区，这一段电势区通常达 $1\sim2V$，有的金属甚至可达几十伏，在此电势范围内金属的钝化达到稳定状态，金属的溶解速度达到最低值，在整个CD段溶解速度几乎保持不变。DE段是过钝化区，当 φ 进入DE段，这时金属溶解速度又重新加快，造成这一现象有两种可能的原因，一是金属的高价态溶解，另一种可能是发生了其他的阳极反应，例如氧的析出。

根据以上分析可知，如果把浸在介质中的金属构件和另一辅助电极组成电池，用恒电势仪把金属构件的电势控制在CD段内，则可以把金属在介质中的腐蚀降低到最小限度。这种阳极极化使金属得到保护的方法叫阳极保护。具体实施时，可把准备保护的金属器件作阳极，以石墨为阴极，通入大小一定的电流密度。并使阳极电势维持在钝化区间，这样金属器件就得到了保护。在钝化态，金属的溶解速度一般是 $10^{-6}\sim10^{-8}\,\text{A·cm}^{-1}$，比活化态小 $10^{3}\sim10^{6}$ 倍，因而可认为金属得到了保护。

我国很多化肥厂对碳酸铵生产中的碳化塔实施阳极保护，获得了显著保护。塔内阴极布置和电路如图8-9所示，即把整个塔体、塔内的冷却水箱、角钢、槽钢等作为阳极，接到整流器的正极上；在塔内合理地布置一定数量的碳钢阴极，接到整流器的负极。阳极与阴极的面积之比约为13：1。当碳化氨水缓缓输入塔内时，通以大电流。随溶液的上升，碳钢逐步地建立钝化。当碳钢进入钝化区后，降低电流

维持在钝化区间，并将阳极电势控制在＋700mV 左右，不超过＋900mV。

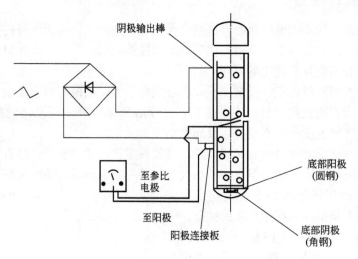

图 8-9　碳化塔阳极保护示意图

化学工业主要利用金属或各种合金制作反应器和储罐，因此，阳极保护法在化工生产中的应用十分广泛。

8.5.3　阴极保护

阴极保护是使金属体阴极极化以保护其在电解质中免遭腐蚀的方法。若阴极电势足够负，金属就可以不氧化（溶解），即达到完全的保护。阴极极化可用两种办法实现。

（1）外加电流法：在电解质中加入辅助电极，连接外电源正极，而将需要保护的金属基体连接外电源负极，然后调节所施加的电流，使金属体达到保护所需的阴极电势。更多的是用大功率恒电势仪控制被保护金属的电势。

（2）牺牲阳极法：在金属基体上附加更活泼的金属，在电解质中构成短路的原电池，金属基体成为阴极，活泼金属成为阳极，并不断被氧化或溶解掉。例如钢板在含 2‰～3‰ NaCl 的海水中很容易腐蚀，为了防止船身的腐蚀，除了油漆外，还在海轮的底下每隔 10mL 左右焊一块锌的合金作为防腐蚀措施。船身淹在海水里，形成了以锌为负极、铁为正极、海水为电解质的局部电池。此电池受腐蚀时溶解的是锌而不是铁。在这样的腐蚀过程中，锌作为阳极牺牲了，但却保护了船体。

8.5.4　缓蚀剂保护

加入到一定介质中能明显抑制金属腐蚀的少量物质称为缓蚀剂。例如在酸中加入千分之几的磺化蓖麻油、乌洛托品、硫脲等可阻滞钢铁的腐蚀和渗氢。由于缓蚀剂的用量少，既方便又经济，故是一种常用的方法。缓蚀剂的防蚀机理可分为促进钝化，形成沉淀膜，形成吸附膜等。钝化促进型的缓蚀剂有铬酸盐、亚硝酸盐，由于它们有强大的氧化能力，促进钢铁材料钝化。为了维持钝化，使用时浓度达100～200ppm，而且铬酸盐污染环境，近年来几乎已停止使用。形成沉淀膜的典型缓蚀剂有聚磷酸盐、聚硅酸盐、有机磷酸盐等，它们与腐蚀生成物或环境中存在的Ca^{2+}、Mg^{2+}等离子形成沉淀膜，从而抑制腐蚀。形成吸附膜的缓蚀剂多数是有机物，物理吸附或化学吸附在金属表面形成单分子层或多分子层吸附膜，将金属表面与腐蚀环境隔开。这类缓蚀剂分子由于含有能吸附于金属表面、电负性大的 N、O、P、S 的阴性基和阻碍腐蚀性介质与金属接触的非极性基（烃基）所组成。并且，缓蚀剂的分子结构不同，其防蚀效果差别很大。例如，2-n-正丁基硫醚和 2-叔丁基硫醚具有如下结构：

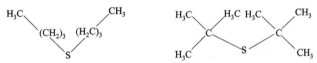

前者对硫的吸附没有立体障碍，可以取得相当理想的防蚀效果，后者的烷基成了吸附的障碍，防蚀效果不好。而且，即使是吸附膜缓蚀剂，一般是刚开始使用时，依靠吸附膜的作用保护金属，但经过一段时间后它与溶解的金属离子反应生成不溶性螯合物，并形成沉淀膜，起到抑制腐蚀的作用。评价缓蚀剂或阴极保护的防蚀效果时，用防蚀率（保护率）P 表示：

$$P=\frac{v_0-v}{v_0}\times100\%$$

式中，v_0 是没有保护时的腐蚀速度（电流），v 是保护后的腐蚀速度。$P=1$ 表示达到完全腐蚀。$P<0$ 表示加速了腐蚀。

总之，为了防止金属腐蚀根据具体情况可以采用多种方法，但是，最根本的还是要多研制新的各种各样的耐腐蚀材料，如特种合金、陶瓷材料等，以满足各种需要。

参 考 文 献

［1］ 小泽昭弥主编，吴继勋等译. 现代化学. 北京：化学工业出版社，1995.
［2］ 曹楚南. 腐蚀电化学. 北京：化学工业出版社，1995.
［3］ 夏式均. 电极电势及其应用. 杭州：浙江教育出版社，1985.
［4］ 杨文志. 电化学基础. 北京：北京大学出版社，1985.
［5］ 游效曾. 电位-pH 图及其应用. 化学通报，1975，2：60.
［6］ 梁春余，王魁. 高温电位-pH 图及其应用实例. 化学通报，1977，5：301.
［7］ A . I. Onuchukwu and O. D. Obande, corrosion Evaluation of a Metal in Aqueous Media，J. C.

第9章 电化学传感器

9.1 电化学传感器介绍

电化学传感器是把非电参数变为电参数的装置，根据检测方法可分为电势传感器、安培/库仑传感器、福安传感器（包括富集和溶出步骤）和电传感器。

9.1.1 电势传感器

电势传感器是把化学量转化为电势的装置，测定电势就可以测定化学量，如浓度。它是应用最广泛的电势传感器，除用途很广的离子选择电极外，用固体电解质制成的传感器也相当有用。对于被测物处于较高温度的环境时，水溶液不适宜做传感器的电解质，通常使用固体电解质。对气体敏感的固体电解质，例如碳酸盐（CO_2）/硝酸盐（对 NO_x）和氧化物（对 O_2）。固体态传感器坚固、耐腐蚀，并可小型化。测氧传感器除用 $ZrO_2 \cdot CaO$ 做固体电解质的传感器外，也可用 $RbAg_4I_5$ 作电解质的传感器，主要反应为 $4AlI_3 + 3O_2 \longrightarrow 2Al_2O_3 + 6I_2$，所产生的游离碘向多孔石墨电极扩散，形成电池 $Ag|RbAg_4I_5|I_2$，石墨，总反应为 $2Ag + I_2 \longrightarrow 2AgI$。从连接电压表的读数中分析气体中的氧含量。同理更换活性物质，可以分析氟、臭氧、一氧化碳、一氧化氮、二氧化氮、四氧化二氮、乙炔、氨和氯化氢等气体。

用高温质子导体做固体电解质，制成蒸汽浓差电池可以测定烃类化合物，这就是烃类化合物传感器。当不同湿度的气体通进两个电极室，电池的电势为：

$$E = \frac{RT}{2F}\ln\frac{P_{H_2O(1)}}{P_{H_2O(2)}}\left(\frac{P_{O_2(2)}}{P_{O_2(1)}}\right)^{\frac{1}{2}}$$

当 $P_{O_2(2)} \approx P_{O_2(1)}$ 时，电动势便取决于两个电极室的 P_{O_2} 之比。烃类化合物传感器的原理图如图 9-1 所示。在固体电解质的两边分别装上电极，电极 1 不会引起碳氢化合物燃烧，而电极 2 对燃烧反应有催化作用，通入含有碳氢化合物的空气时，在电极 2 进行碳氢化合物的燃烧反应，产物为水和 CO_2。由于空气中氧占 1/5，而所含的碳氢化合物通常为 1% 左右。因此碳氢化合物燃烧后，在固体电解质两边氧的浓度差别不大，主要形成水蒸气浓差电池。

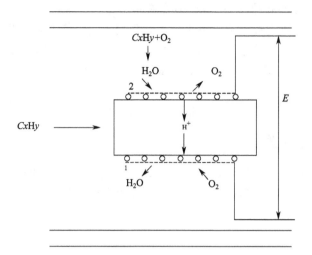

图 9-1 质子导体为电解质的烃传感器的原理图

用对烃燃烧反应有催化作用的 $La_{0.6}Ba_{0.4}CoO_3$ 做被测电极，$CaZr_{0.9}In_{0.1}O_{3-x}$ 为固体电解质，组成电池 $La_{0.6}Ba_{0.4}CoO_3(2)|CaZr_{0.9}In_{0.1}O_{3-x}|Au(1)$。往电极 1 通入干燥的空气（$p=0.993torr$，$1torr=133.322Pa$）。在 973K 下，测得电池电动势与碳氢化合物浓度的关系如图 9-2 所示。从图可见，对于 C_2H_6，C_3H_8，电动势与浓度有良好的线性关系。该电池的电动势稳定，而且从电池出来的气体已经没有 C_2H_6，C_3H_8。

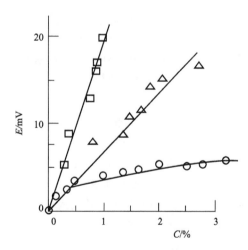

图 9-2 $La_{0.6}Ba_{0.4}CoO_3|CaZr_{0.9}In_{0.1}O_{3-x}|Au$ 的电动势和烃浓度的关系

9.1.2 安培/库仑传感器

安培/库仑传感器是把化学量转化为电流或电量的装置，通过测量电流或电量就可以测定浓度。在安培传感器中，通常把电势控制在传质控制的电势平台区。近年来这类传感器与液相色谱（LC）和流动注入分析（FIA）体系连用，发挥更大的作用。库仑传感器在耗尽电解下工作，这有别于安培传感器，但两者的测量方法基本相同。质子型安培传感器可以检测 O_2，CO，SO_x。与 FIA 连用时，用安培法检测水中的阴离子，如碳酸根、亚硝酸根。原则上，任何无机、有机或生物电活性物都可以用安培/库仑法来检验之，但至今多数未能实现。这是因为存在电极污染、电化学可逆性、对干扰物交叉敏感性等问题尚未解决。

9.1.3　电导传感器

电导传感器是把化学量转化为电导的装置，测量被测物的电导就可确定浓度。近年来电导法应用于液相色谱和毛细管电泳，取得较好的效果。基于电导率测定的生物传感器如纤维测试计（fibormeter）、血球计数器。比起上述两类传感器，电导传感器应用较少。

9.2　生物电化学传感器的原理和器件

生物电化学传感器的出现不仅为临床检验，环境分析以及食品、医药等工业生产过程的监控提供了新的工具，而且推进了生物电催化和生物燃料电池研究的开展。

生物电化学传感器的构造分两部分：

① 感受器，由具有分子识别本领的生物物质，如酶、微生物、动植物组织切片、抗体或抗原等组成。

② 信号转换部分，称为基础电极或内敏感器，这是一个电化学检测元件。例如葡萄糖电极就是由固定化的葡萄糖氧化酶膜贴在铂电极上构成的。

由固定化的生物材料与适当的换能器密切接触而构成的分析工具称为生物传感器，换能器可将生物信号转换成定量的电信号或光信号；如果换成电信号，则是生物电化学传感器。

生物物质的分子识别与下列两种反应密切相关。

① 酶促反应：酶是生化反应的高效催化剂，具有高度的专一性。在反应过程中酶与底物形成酶-底物复合物，此时酶的构象对底物分子显示识别本领。

② 免疫反应：此乃抗体（Ab）与相应抗原（Ag）的反应，Ag＋Ab＝AgAb。抗原是由外界入侵到体内的异物，而抗体是该异物入侵后体内生成的一种蛋白质。抗体与抗原形成复合物，起着控制抗原的作用，即显示对抗原分子的识别。通常酶只对低分子量物质有识别能力，而抗体则对高分子量物质有很强的识别能力，即使是微小的结构差异也能做出明确判断。

制作生物传感器，必须把生物物质固定化。固定化的目的在于使酶等物质在保持固有性能的前提下处于不易脱落的状态，以便同基础电极组装在一起。固定方法很多，在酶传感器制作中常用的方法有以下几种。

① 包埋法，将酶包裹在聚合物凝胶或半透膜内。

② 交联法，利用戊二醛等一些含有基团的试剂使酶分子之间以化学结合方式连接起来。

③ 载体结合法，采用物理吸附法、离子结合法和共价结合法等，将酶固定在载体（膜或电极）表面上。微生物抗体或抗原的固定化，虽然具有操作条件与酶的固定化不尽相同，但原理很相似。例如，微生物的固定化常用吸附法和包埋法。

生物电化学传感器中的电信号的测量主要有电势法和电流法两种，此外个别酶传感器尚利用底物的吸附特性进行微分电容测定。测量方法的选择是传感器结构设计的基本依据，而测量方法的选择在很大程度上取决于生化过程的本质。

在葡萄糖氧化酶（GOD）作用下底物 β-D-葡萄糖进行如下氧化反应

$$\beta\text{-D-葡萄糖} + O_2 \xrightarrow{\text{GOD}} \text{D-葡萄糖酸} + H_2O_2 \tag{9-1}$$

反应物 O_2 和产物 H_2O_2 都是电活性物质，因此可采用电流法测量，即在维持某一恒定电势下测定氧的还原电流或过氧化氢的氧化电流，进而按化学计量关系确定底物浓度。此外，可使用中间体，例如葡萄糖与 GOD 作用，生成葡萄糖酸和还原型 GOD，后者使 $Fe(CN)_6^{3-}$ 变为 $Fe(CN)_6^{4-}$，此离子在电极上失去电子又变成氧化态，因而可检测出电流。最近应用此原理，制成测定血液中葡萄糖的生物传感器，以监测糖尿病。

在脲酶作用下脲的水解反应

$$CO(NH_2)_2 + H_2O \xrightarrow{\text{脲酶}} CO_2 + NH_3(NH_4^+) \tag{9-2}$$

产物 CO_2 和 $NH_3(NH_4^+)$ 都是膜活性物质，可用气敏电极或离子选择电极进行电位测量。

在氨基酸氧化酶作用下氨基酸与氧反应

$$RCHNH_2COO^- + O_2 + H_2O \xrightarrow{\text{氨基酸氧化酶}} RCO-COO^- + NH_4^+ + H_2O_2 \tag{9-3}$$

可用 NH_4^+ 电极测定 NH_4^+、用 I^- 电极测定 H_2O_2。

基础电极的选择性对生物传感器的性能影响很大，首先设法排除现有基础电极可能受到的干扰。例如以 pH 电极为基础的青霉素电极，由于酶吸附在玻璃电极上，而 +1 价离子又会吸附在酶的负电荷中心上，故该感受器受到 +1 价离子的严重干扰。采用渗析膜将酶与玻璃电极表面隔离，从而消除了干扰。研制新的电极也是很重要的工作。NH_3 和 CO_2 气敏电极的出现曾对生物传感器的发展起了很大的促进作用，由它们构成的生物传感器可直接在成分复杂的流体中使用。离子选择场效应晶体管或化学修饰电极作为基础电极的研究，也导致新型生物传感器的出现。

由于许多生化过程涉及 O_2、H_2O_2、H^+、NH_3、CO_2 等物种的消耗和生成，用于检测这些物质的基础电极显得格外重要。生物电化学传感器的结构与传感器种类和检测体系有关。图 9-3～图 9-5 分别为酶传感器、微生物传感器和酶免疫传感器的结构示意图。

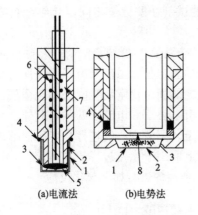

(a)电流法　　　　(b)电势法

图 9-3　酶传感器的结构示意图

1—渗透膜；2—固定化酶层；3—透气电极；
4—"O" 形环；5—铂阴极；6—银阳极；
7—内电解液；8—气敏电极

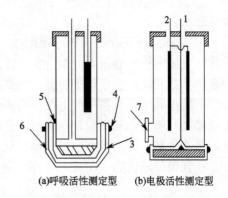

(a)呼吸活性测定型　　(b)电极活性测定型

图 9-4　微生物传感器的结构示意图

1—铂电极；2—铅或银电极；3—固定化微生物膜；
4—"O" 形环；5—聚四氟乙烯膜；6—尼龙网；
7—阴离子交换树脂膜（液接部分）

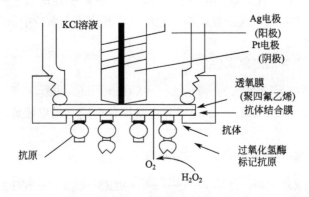

图 9-5　酶免疫传感器的结构示意图

9.3　酶传感器、微生物传感器和免疫传感器

9.3.1　酶传感器

酶传感器是目前研究最广泛并部分实用化的生物传感器。酶电极的工作过程如图
9-6 所示。底物 S 在被检测过程经历如下步骤：

图 9-6　酶电极的工作过程

① S 由溶液传输到传感器表面；

② S 在酶层与溶液相中进行分配；

③ S 在酶层中传输与反应；

④ 产物 P 传输到基础电极上被检测。

酶（E）反应遵从 Michalelis-Menten 动

力学。

$$E+S \quad ES \xrightarrow{k_2} E+P \tag{9-4}$$

在上述反应中，复合体 ES 离解的酶再次用来促进反应。当底物浓度比酶量充分多时，在稳态（$dc_{ES}/dt=0$）下，可导出酶反应速率公式

$$u=\frac{dc_p}{dt}=\frac{dcs}{dt}=\frac{v_{max}cs}{K_m+cs} \tag{9-5}$$

式中，v_{max} 称为最大速率，K_m 是 Michalelis 常数，它是当速率 u 为 $v_{max}/2$ 时底物的浓度。

当 $cs \ll K_m$ 时，（9-5）式变为 $u=(v_{max}/K_m)cs$，反应速率和 cs 成比例，因此测定 u 便可求底物浓度。另外在稳定状态下，cp 与 cs 成比例，标定曲线变为直线。当 $cs \gg K_m$ 时，（9.5）式变为 $u=v_{max}=k_2 c_E^0$（c_E^0 为 $x=0$ 处酶的浓度），反应速率与底物浓度无关。

酶传感器采用电势测量时，基础电极显示的电势为

$$E=\text{常数}+\frac{RT}{nF}\ln(c_p^0+\sum K_I^P c_I) \tag{9-6}$$

K_I^P 是对干扰物种 I 的选择性系数，c_p^0 为 $x=0$ 处酶反应产物的浓度。可见酶电极的检测限度受离子选择电极检测限度所制约。当 $c_p^0 < 10\sum K_I^P c_I$ 时，校正曲线不再呈直线关系。

将离子选择电极与酶结合起来，既能测定无机物，又能检测有机物。特别是能测定生物体液中的组分，扩大离子选择电极的使用范围，受到生物化学界和医学界的重视。现已研制成功 20 多种酶传感器，可用于检测尿素、葡萄糖、氨基酸、尿酸、青霉素、胆甾醇、过氧化氢、肌酸酐、苯酚、磷脂等（见表 9-1）。

表 9-1　酶传感器的特性

传感器	酶	换能器	测定浓度/mg·L^{-1}	响应时间/min	稳定性/d
葡萄糖	葡萄糖氧化酶	氧电极	$1\sim5\times10^3$	0.17	100
苯酚	铬氨酸酶	铂电极	$5\times10^{-2}\sim10$	$5\sim10$	—
丙酮酸	丙酮酸氧化酶	氧电极	$10\sim10^3$	2	10
尿酸	尿酸酶	氧电极	$5\sim10^3$	0.5	120
D-氨基酸	D-氨基酸氧化酶	氨离子电极	$10\sim10^4$	1	30
L-酪氨酸	酪氨酸脱羧酶	CO_2 电极	$10\sim5\times10^3$	$1\sim2$	20
尿素	尿素酶	氨气电极	$10\sim10^3$	$1\sim2$	60
胆甾醇	胆甾醇脂酶	铂电极	$10\sim5\times10^3$	3	30
中性脂质	脂酶	pH 电极	$5\sim5\times10$	1	14
磷脂	磷脂酶	铂电极	$10^2\sim5\times10^3$	2	30
一元胺	一元胺氧化酶	氧电极	$10\sim10^2$	4	>7
青霉素	青霉素酶	pH 电极	$10\sim10^3$	$0.5\sim2$	$7\sim12$
扁桃苷	葡萄糖苷	氰电极	$1\sim10^3$	$10\sim20$	3

传感器	酶	换能器	测定浓度/mg·L^{-1}	响应时间/min	稳定性/d
肌酸酐	肌酸(脱水)酶	氨气电极	$1\sim5\times10^2$	$2\sim10$	—
过氧化氢	过氧化氢酶	氧电极	$1\sim10^2$	2	30
磷酸离子	磷酸酶	氧电极	$1\sim10^3$	1	120
	葡萄糖氧化酶				
硝酸离子	硝酸还原酶	氨离子电极	$5\sim5\times10^2$	$2\sim3$	—
	亚硝酸还原酶				
亚硝酸离子	亚硝酸还原酶	氨气电极	5×10^3	$2\sim3$	120
硫酸离子	烯丙基硫酸酯酶	铂电极	$5\sim5\times10^3$	1	30

酶是从各种细菌和动物组织中分离提取出来的,它们离开了原来的环境后相当不稳定,极易失去其生物活性,从而使酶传感器的使用寿命短。为了扩大使用范围,提高电极性能,主要的措施有:

① 利用多酶体系;

② 采用固定化底物电极;

③ 开发脱氢酶电极;

④ 用电流法检测水解酶电极;

⑤ 用电子传递中间体代替氧进行酶反应;

⑥ 酶的电化学固定化。

9.3.2 微生物传感器

微生物传感器的识别部分是由固定化微生物构成的。设计这类传感器的原因在于:

① 微生物细胞内含有能使从外部摄取的物质进行代谢的酶体系,可避免使用价格较高的分离酶。况且,有些微生物的酶体系的功能是单种酶所没有的。

② 微生物能够繁殖生长,或者在营养液中再生,故能长时间保持生物催化剂的活性。微生物电极与酶电极结构很相似,但是响应速度较慢。表9-2列出了一些生物传感器。

表9-2 微生物传感器的一些特性

传感器	微生物	电极	测定浓度/mg·L^{-1}	响应时间/min	稳定性
葡萄糖	荧光假单胞菌	氧电极(测电流)	$5\sim20$	10	14
同化糖	乳酸发酵短杆菌	氧电极(同上)	$20\sim200$	10	20 30
醋酸	云台丝孢酵母	氧电极(同上)	$10\sim200$	15	20
氨	硝化菌	氧电极(同上)	$5\sim45$	5	20
维生素 B_{12}	大肠杆菌	氧电极(同上)	$0.0005\sim0.025$	2	25
BOD	丝孢酵母	氧电极(同上)	$5\sim30$	10	30
维生素 B_1	发酵乳杆菌	燃料电池(同上)	$10^{-3}\sim10^{-2}$	360	60
甲酸	铬酸梭菌	燃料电池(同上)	$1\sim1000$	10	30

传感器	微生物	电极	测定浓度/mg·L^{-1}	响应时间/min	稳定性
头孢菌素	弗式柠檬酸细菌	pH 电极(测电位)	$60\sim500$	10	7
烟酸	阿拉伯糖乳杆菌	pH 电极(测电位)	$10^{-2}\sim5$	60	30
谷氨酸	大肠杆菌	CO$_2$ 电极(同上)	$8\sim800$	5	20
赖氨酸	大肠杆菌	CO$_2$ 电极(同上)	$10\sim100$	5	20

9.3.3 组织传感器

组织传感器是将哺乳动物或植物的组织切片作为感受器的。由于组织是生物体的局部，组织细胞内的品种可能少于作为生命体的微生物细胞内的酶品种，因此组织传感器可望有较高的选择性。组织传感器的典型例子之一是 ATP 测定用的电极，它是用单丝尼龙网将 0.5mm 厚的兔肌肉切片固定在氨气敏电极上而构成的。据称其选择性比纯酶制成的酶传感器好。用组织切片制成的传感器还有许多种，例如用猪肝切片和 NH$_3$ 气敏电极构成谷酰胺传感器，用牛肉切片与 O$_2$ 构成过氧化氢传感器，用玉米芯、刀豆肉、香蕉肉切片分别制作丙酮酸、尿素、多巴胺传感器。

有些组织传感器不是基于酶反应，而是基于膜传输性质。例如将蟾蜍囊状物贴在 Na$^+$ 离子选择玻璃电极上，可用于测定抗利尿激素。其原理是该激素会打开组织材料的 Na$^+$ 通道，以致 Na$^+$ 能够穿过膜而达到玻璃电极的表面，而 Na$^+$ 的流量与激素的浓度有关。

9.3.4 免疫传感器

免疫传感器是基于免疫化学反应的传感器。抗体对抗原的选择性亲和性与酶对底物的选择亲和性有很大的差别。酶与底物形成复合体的寿命很短，只存在于底物转变为产物的过渡状态中，但抗体—抗原复合体非常稳定，难于分离。此外抗体—抗原反应不能直接提供电化学检测可利用的效应。

目前，免疫传感器可分为以下三类。

① 非标志电极：抗体（或抗原）被固定在膜或电极表面上，当发生免疫反应后，抗体与抗原形成的复合体改变了膜或电极的物理性质，从而引起膜电势或电极电势的变化。例如，梅毒检测用的免疫电极和血型检测的免疫传感器。

② 标志免疫电极：这是一种具有化学放大作用的传感器，通常以酶为标志物质，因而有时称为酶免疫电极。已报道的酶免疫电极有分别用于测定免疫球蛋白GiAiM、k-绒毛膜促进腺激素以及 α-甲胎蛋白（AFP）的传感器。AFP 是癌论断的有效指标。AFP 免疫电极的可测浓度达 $10^{-11}\sim10^{-8}$mg·mL^{-1}。

③ 基于脂质膜溶菌作用的免疫电极：这是另一种有化学放大作用的传感器。抗原固定在脂质膜的表面上，季铵离子作为内部标记物。在抗体蛋白存在下，抗体与抗原反应形成的复合物引起脂质膜的溶菌作用，于是标记物穿过脂质膜，并由离

子选择电极检测。

参 考 文 献

[1] 贺安之，阎大鹏. 现代传感器原理及应用. 北京：宇航出版社，1995.

[2] 铃木周一主编. 生物传感器. 霍纪文译. 北京：科学出版社，1998.

[3] 清水罔夫等著. 新功能材料. 李福绵译. 北京：北京大学出版社，1990.

[4] 黄克勤，刘庆国. 固体电解质直接定氧技术. 北京：冶金工业出版社，1993.

[5] Janata J. Princeples of Chemical Sensors. New York：Plenum Press，1989.

[6] Koryta J，Stulik K. Ion-selective Electrodes in Anlaytical Chemistry，2 Vols . New York：Plenum Press，1989.

化学工业出版社相关图书推荐

书　号	书　名	定价/元
15847	铝加工技术问答（即将出版）	
15158	废钢铁加工与设备	68
15490	转炉炼钢技术问答	48
15238	连续铸钢技术问答	49
15239	电炉炼钢技术问答	49
13561	高炉炼铁技术问答	48
15219	经济型轧制生产	68
15041	中国新材料产业发展报告（2011—2012）	118
14754	计算机在材料热加工工程中的应用	48
13770	铝加工缺陷与对策	88
13630	铸钢件特种铸造技术	88
14402	镁冶炼及镁合金熔炼工艺	58
14171	铜冶炼工艺	58
10226	冷弯成型及焊管生产技术	49
10095	废钢铁回收与利用技术	58
08758	高炉炼铁操作	35
08681	轧钢设备及自动控制	79
13642	冶金操作岗位培训丛书——炉外精炼工	49
13158	冶金操作岗位培训丛书——电弧炉炼钢工	48
08559	冶金操作岗位培训丛书——轧钢工	38
06741	冶金操作岗位培训丛书——转炉炼钢工	29
05314	冶金操作岗位培训丛书——轧钢加热工	29
10552	冶金操作岗位培训丛书——连铸工	38
10690	冶金操作岗位培训丛书——烧结工	32
11301	冶金操作岗位培训丛书——高炉炼铁工	39
05134	材料成型（轧制）专业英语教程	29
05131	轧制工程学	68
03849	轧制过程自动化技术	30
03478	冲压件生产指南	46
03161	钢管生产技术问答	36

书　号	书　名	定价/元
15026	实用选矿技术疑难问题解答——磁电选矿技术问答	38
14741	实用选矿技术疑难问题解答——铁矿选矿技术问答	39
14517	实用选矿技术疑难问题解答——浮游选矿技术问答	39
15003	铅锌矿选矿技术	48
11711	铁矿石选矿与实践	46
13102	磷化工固体废弃物安全环保堆存技术	68
12211	尾矿库建设与安全管理技术	58
12652	矿山电气安全	48

欢迎登录化学工业出版社网上书店　www.cip.com.cn。

地址：北京市东城区青年湖南街 13 号（100011）

如果出版新著，请与编辑联系。

编辑：010-64519283（刘丽宏）

投稿邮箱：editor2044@sina.com

购书咨询：010-64518888